試験直前 赤シートで最終確認！ 合格チェックシート

使い方

赤シートを当てて、隠れた文字や数字を答えましょう。 👆check や 👆point を確認すれば準備完了です。覚えたら、□に✓を入れていきましょう。

✓ まとめて覚える交通ルール

数が限られている場所などはまるごと覚えてしまいましょう！

□ 徐行場所 → 40ページ

5か所

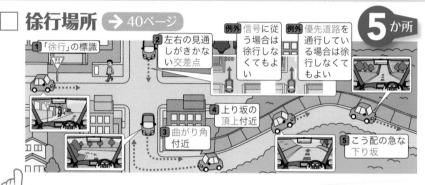

- ① 「徐行」の標識
- ② 左右の見通しがきかない交差点
- 例外 信号に従う場合は徐行しなくてもよい
- 例外 優先道路を通行している場合は徐行しなくてもよい
- ④ 上り坂の頂上付近
- ③ 曲がり角付近
- ⑤ こう配の急な下り坂

👆check

③ 道路の曲がり角付近は見通しに関係なく徐行

⑤ こう配の急な下り坂は徐行場所だが、こう配

□ 追い越し禁止場所 → 48〜49ペ

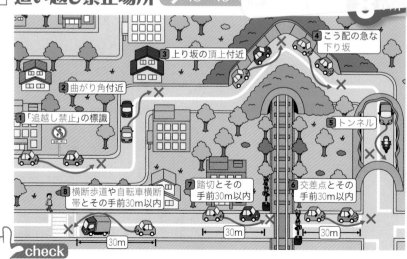

- ① 「追越し禁止」の標識
- ② 曲がり角付近
- ③ 上り坂の頂上付近
- ④ こう配の急な下り坂
- ⑤ トンネル
- ⑧ 横断歩道や自転車横断帯とその手前30m以内
- ⑦ 踏切とその手前30m以内
- ⑥ 交差点とその手前30m以内

👆check

⑤ 車両通行帯がある場合はトンネル内でも追い越し可！

⑥ ⑦ ⑧ その場所と手前30m以内が禁止場所！

JN027089

✓ まちがえやすい交通ルール

だれもがひっかかるルールは覚え方がポイントです。キーワードを要チェック！

☐ 手による合図 → 41ページ

左折または左への進路変更

右折・転回または右への進路変更

徐行・停止

斜め下に伸ばし前後に動かす

後退

check 左折と右折は**伸ばすか曲げる**。どちらかワンペアを覚えておけばまちがえにくい。手による合図は**方向指示器**と併用で使う！

☐ 矢印信号・点滅信号 → 23ページ

矢印

点滅

二段階右折に注意 車は矢印の方向に進め、右向きの場合は転回もできる。ただし、右向きの場合、二段階右折する一般原動機付自転車と軽車両は進めない。

路面電車だけ 路面電車だけ矢印の方向に進める。

注意 車は他の交通に注意して進める。

一時停止 車は停止位置で一時停止し、安全を確認したあとに進める。

check ➡では車は**右折**と**転回**ができるが、二段階右折が必要な**一般原動機付自転車**と**軽車両**は進めない！

☐ 車両総重量・最大積載量・乗車定員 → 18・28ページ

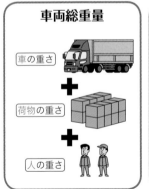

車両総重量

車の重さ ＋ 荷物の重さ ＋ 人の重さ

最大積載量

車両総重量 − 車の重さ − 人の重さ

乗車定員

車に乗る人全員

運転者も含まれる

12歳未満の子ども3人 ＝ 大人2人

check 普通自動車は車両総重量**3500**kg未満、かつ最大積載量**2000**kg未満、かつ乗車定員**10**人以下のもの！

✓ 意味をしっかり覚えたい標識・標示

図柄だけではわからない
正しい意味を確認しましょう!

□ 通行止め

車、遠隔操作型小型車、歩行者、路面電車の通行禁止。

👉check **歩行者**も通行できない!

□ 車両横断禁止

道路の右側部分への横断が禁止されている。

👉check 道路の**左側**への**横断**はできる!

□ 自動車専用

高速自動車国道または自動車専用道路を表す。

👉check **高速道路**のことで、図柄にはだまされない!

□ 警笛区間

区間内の見通しのきかない交差点、曲がり角、上り坂の頂上で警音器を鳴らす。

👉check 指定場所**3**か所で警音器を鳴らす!

□ 追越し禁止

追い越しをしてはいけない。

👉check 「**追越し禁止**」の補助標識がない場合は、右側部分に**はみ出さない**追い越しはできる!

□ 追越しのための右側部分はみ出し通行禁止

道路の右側部分にはみ出して追い越しをしてはいけない。

👉check **通行止め**とまちがえない!

□ T形道路交差点あり

この先にT形道路の交差点があることを表す。

👉check **通行止め**とまちがえない!

□ 道路工事中

この先が道路工事中であることを表す。

👉check **通行止め**の意味はない!

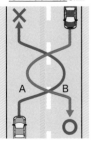

□ 追越しのための右側部分はみ出し通行禁止

黄色の線が引かれた側（A）からBにはみ出して追い越しをしてはいけない。

👉check **A**の線側からの**はみ出し**だけ禁止!

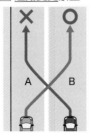

□ 進路変更禁止

黄色の線が引かれた側（B）からAに進路変更してはいけない。

👉check **B**の線側からの**進路変更**だけ禁止!

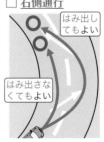

□ 右側通行

道路の中央から右側部分をはみ出して通行できる。

👉check **はみ出しても**よいという意味!

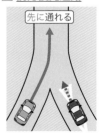

□ 前方優先道路

標示がある道路と交差する前方の道路が優先道路であることを表す。

👉check **どちらが優先**するかまちがえない!

☐ 駐車禁止場所 →55ページ

6か所

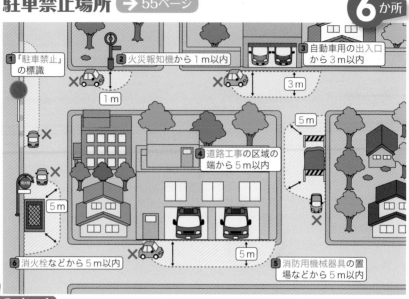

1 「駐車禁止」の標識

2 火災報知機から1m以内

3 自動車用の出入口から3m以内

4 道路工事の区域の端から5m以内

5 消防用機械器具の置場などから5m以内

6 消火栓などから5m以内

☞ **check**

6か所中、数字が出てくる禁止場所は5か所。1m以内と3m以内が1か所、5m以内が3か所！

☐ 駐停車禁止場所 →56〜57ページ

10か所

1 「駐停車禁止」の標識

2 軌道敷内

3 坂の頂上付近とこう配の急な坂

4 トンネル

5 交差点とその端から5m以内

6 曲がり角から5m以内

7 横断歩道や自転車横断帯とその端から5m以内

8 踏切とその端から10m以内

9 安全地帯の左側とその前後10m以内

10 バスの停留所から10m以内

☞ **check**

5 6 7 5m以内が禁止（その場所から、またはその場所と端から）

8 9 10 10m以内（その場所から、またはその左側、端から）

✔ まちがえやすい交通用語

言葉の意味を覚えておくことが正解への近道です！

☐ 車と自動車

― 車（車両）―

自動車

大型　中型　準中型　普通

大型特殊　小型特殊　大型自動二輪　普通自動二輪 など

原動機付自転車

スクーター

ギア付バイク

スリーター など

軽車両

自転車

リヤカー

荷車 など

🖐 **check**　自動車、原動機付自転車、軽車両は車（車両）に含まれる！

☐ こう配の急な坂

こう配の急な下り坂は
徐行場所
追い越し禁止場所
駐停車禁止場所

🖐 **point** 上り坂の頂上付近

頂上付近は先が見えない

こう配にかかわらず、徐行場所、追い越し禁止場所、駐停車禁止場所

こう配の急な上り坂は
駐停車禁止場所

こう配率 10％以上の坂

🖐 **check**
こう配の急な上り坂は徐行、追い越し禁止場所ではない！

☐ 優先道路

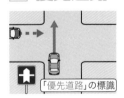

交差点内まで中央線などが引かれている

「優先道路」の標識

信号がない交差点などで、先に通行できるなど優先される道路。

🖐 **point** 信号のない交差点では…

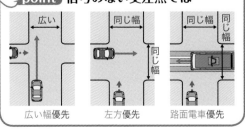

広い　同じ幅　同じ幅　同じ幅

同じ幅

広い幅優先　左方優先　路面電車優先

☐ 安全地帯

○　✕

入れない

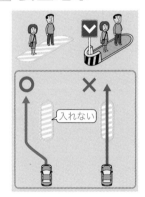

歩行者の保護などのために道路に設けられた島状の施設や、標識・標示で指定された道路の部分。

🖐 **check**
▽は安全地帯の標識！

✔ まちがえやすい標識・標示

デザインが似ているものは、
色や形などで違いを覚えましょう!

×のほうが
駐停車禁止
強いので

☐ **駐車禁止**
駐車をしてはいけ
ない。

☐ **駐停車禁止**
駐車や停車をして
はいけない。

 ●が<u>駐車禁止</u>。●はそれより
強い意味なので<u>駐停車禁止</u>!

一
のあるほうが
最低速度

☐ **最高速度**
最高速度を表す。

☐ **最低速度**
自動車の最低速度
を表す。

 数字の下に━(横線)があるかない
か。ある場合は<u>最低速度</u>!

✓は禁止なので
二段階右折禁止

☐ **一般原動機付自転車
の右折方法(二段階)**
一般原動機付自転車が右
折するとき、二段階右折
しなければならない。

☐ **一般原動機付自転車
の右折方法(小回り)**
一般原動機付自転車が右
折するとき、小回り右折
しなければならない。

 ◎は<u>禁止</u>を意味し、
●は<u>できる</u>ことを表す!

五角形が
横断歩道

☐ **横断歩道**
横断歩道を表す。

☐ **学校、幼稚園、
保育所などあり**
この先に学校、幼稚園、
保育所などがあること
を表す。

 ▲が<u>横断歩道</u>、◆が<u>学校、幼稚園、保育所などあり</u>!

白矢印が
一方通行

☐ **一方通行**
車は矢印と反対方
向には進めない。

☐ **左折可(標示板)**
車は前方の信号にか
かわらず左折できる。

 地が青で矢印が白は<u>一方通行</u>、
地が白で矢印が青は<u>左折可</u>!

両側が狭くなる
のが幅員減少

☐ **幅員減少**
道路の幅が狭くな
ることを表す。

☐ **車線数減少**
車線数が減少する
ことを表す。

 右側部分が┗なのが<u>幅員減少</u>、
┃なのが<u>車線数減少</u>!

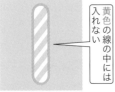

黄色の線の中には
入れない

☐ **立入り禁止部分**
車は、標示内には
入ってはいけない。

☐ **停止禁止部分**
車は、標示内に停
止してはいけない。

 黄色の線や文字は<u>規制</u>を表すので、
<u>枠</u>の中に入ってはいけない!

実線2本のほうが
強い意味

路側帯 車道 路側帯 車道

☐ **駐停車禁止路側帯**
車の駐停車が禁止
されている。

☐ **歩行者用路側帯**
歩行者だけ通行でき車
の駐停車禁止。

 ▊より▊のほうが意味は強いので、
<u>歩行者</u>しか通れない<u>歩行者用路側帯</u>!

1回で合格！普通免許完全攻略問題集

赤シート対応

長 信一 著

成美堂出版

本書の活用法

●巻頭折り込み（カラー表・裏）試験直前 赤シートで最終確認！ 合格チェックシート

試験ギリギリまで再チェック！

その数だけしっかり暗記しておくこと

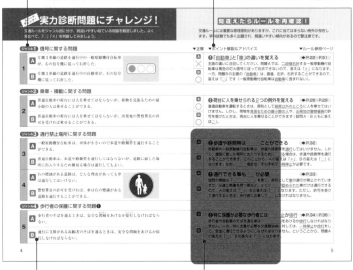

注意事項を確認しておこう

「赤シート」で重要部分をチェックしよう

●巻頭〈➡P.4〜P.9〉実力診断問題にチャレンジ！

ジャンルごとに問題を厳選。苦手な分野をチェックしよう

「○」「×」の理由を詳細に解説。一度間違えても、ここで完全に頭に入れておこう

似ている問題を掲載。違いを判断して「○」「×」を考えよう

答え合わせは「赤シート」で。答えと重要部分を隠して解いていこう

●ルール解説〈➡P.16〜P.72〉試験に出る交通ルール

本免 本免許試験で出題される項目

仮免 仮免許試験で出題される項目

仮免と本免の出題項目を示す。しっかり確認しよう

暗記ポイントを数字で表示◯ポイント007 特に重要なものは◯009 で最重要暗記ポイントとして示した

暗記ポイントを数字で表示。テスト部分(P.74〜P.191)とリンクしていてチェックに便利。特に重要な部分を「最重要暗記ポイント」としてまとめてあるので、絶対に覚えておこう

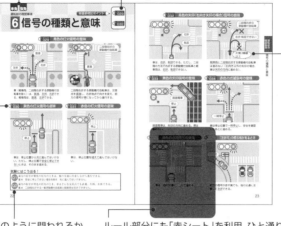

ルールはイラストでわかりやすく解説。説明とあわせて効率よく覚えよう

試験でどのように問われるか、よく出る問題を2問紹介

ルール部分にも「赤シート」を利用。ひと通り勉強したら、シートを当てて確認しよう。最重要ポイントは赤シートをかけても見えるので、そこだけ確認すればスピードチェックになる

●テスト〈➡P.74〜P.191〉普通免許 仮免許・本免許模擬テスト

仮免許模擬テスト(3回分)

間違えた問題は□に✓マークを入れておこう。
2回目に解くときは✓マークの入った問題だけ解くと効果アップ!

「赤シート」を使って答えを隠しながら解いていこう

本免許模擬テスト(5回分)

間違えたら関連する暗記ポイントをチェック!

制限時間を守って解いていこう

掲載ページを示す
P36
◯ポイント111
暗記ポイントの番号を示す

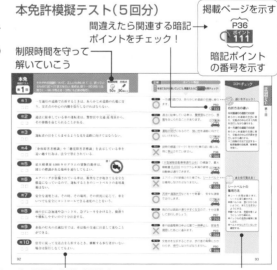

左ページの問題の解答・解説が右ページにあるので、ページをめくらずに答え合わせできる!

「ココもチェック」に一緒に覚えておくと理解がラクになることをまとめた。よく読んで、確実に理解しよう

3

スピード チェック！ 実力診断問題にチャレンジ！

交通ルールをジャンル別に分け、間違いやすい似ている問題を厳選しました。よく見比べて、「○」「×」を判断してみましょう。

ジャンル1 信号に関する問題

1

A 片側3車線の道路を通行中の一般原動機付自転車が、右の信号機に従って右折した。

B 片側3車線の道路を通行中の自動車が、右の信号機に従って右折した。

ジャンル2 乗車・積載に関する問題

2

A 普通自動車の荷台には人を乗せてはならないが、荷物を見張るための最小限の人は乗せることができる。

B 普通自動車の荷台には人を乗せてはならないが、出発地の警察署長の許可を受ければ乗せることができる。

ジャンル3 通行禁止場所に関する問題

3

A 一般原動機付自転車は、車体が小さいので歩道や路側帯を通行することができる。

B 普通自動車は、歩道や路側帯を通行してはならないが、道路に面した場所に出入りするため横切る場合は通行してもよい。

4

A 右の標識がある道路は、どんな理由があっても車は通行してはいけない。

B 警察署長の許可を受ければ、車は右の標識がある道路を通行することができる。

ジャンル4 歩行者の保護に関する問題❶

5

A 歩行者のそばを通るときは、安全な間隔をあけるか徐行しなければならない。

B 通行に支障がある高齢者のそばを通るときは、安全な間隔をあけるか徐行しなければならない。

4

間違えたらルールを再確認！

交通ルールには重要な原理原則がありますが、これに当てはまらない例外が存在します。学科試験でも多く出題され、間違いやすい傾向があるので要注意です。

▼正解　▼ポイント解説＆アドバイス　　　　　　　　　▼ルール参照ページ

A ✕ B ◯	❗「自動車」と「車」の違いを覚える ➡ P.22・P.51 主語の違いに注目してください。問題Aでは、二段階右折する一般原動機付自転車は青色の灯火信号に従って右折できないので、答えは「✕」になります。一方、問題Bの主語の「自動車」は、直進、左折、右折することができるので、答えは「◯」です（一般原動機付自転車は自動車に含まれない）。
A ◯ B ◯	❗荷台に人を乗せられる2つの例外を覚える ➡ P.28・P.29 普通自動車を運転するときは、原則として座席以外のところに人を乗せてはいけません。しかし、荷物を見張るための最小限の人や、出発地の警察署長の許可を受けたときは、荷台に人を乗せることができます（設問A・Bともに答えは◯）。
A ✕ B ◯	❗歩道や路側帯は横切ることができる ➡ P.32 自動車や一般原動機付自転車は、歩道や路側帯を通行してはいけません。しかし、道路に面した場所に出入りするために横切る場合は、歩道や路側帯を通行することができます。このことから、Aの答えは「✕」、Bの答えは「◯」になります。なお、横切る場合は、その手前で一時停止が必要です。
A ✕ B ◯	❗通行できる車も徐行が必要 ➡ P.33 設問の標識は「歩行者等専用」を表し、原則として車の通行が禁止されていますが、沿道に車庫を持つ車など、とくに通行が認められた車だけは通行できるので、Aの答えは「✕」、Bの答えは「◯」になります。ただし、許可を受けて通行するときは、歩行者に注意して徐行しなければなりません。
A ◯ B ✕	❗特に保護が必要な歩行者には一時停止か徐行 ➡ P.34・P.36 歩行者や自転車のそばを通る車は、安全な間隔をあけるか徐行しなければなりません。一方、特に注意が必要な交通最弱者に対しては、一時停止か徐行をして、安全に通行できるようにしなければなりません。ということから、問題Aの答えは「◯」、Bの答えは「✕」になります。

ジャンル5 歩行者の保護に関する問題❷

6

A 横断歩道に近づいたとき、横断する歩行者が明らかにいない場合は、減速しないでそのままの速度で進行してもよい。

B 横断歩道に近づいたとき、横断する歩行者がいるかいないか明らかでない場合は、一時停止しなければならない。

C 横断歩道に近づいたとき、横断する歩行者がいる場合は、歩行者に注意して徐行しなければならない。

ジャンル6 緊急自動車・路線バスなどの優先に関する問題

7

A 近くに交差点がない一方通行の道路で緊急自動車が近づいてきた場合は、必ず道路の左側に寄って進路を譲る。

B 近くに交差点がないところで緊急自動車が近づいてきた場合は、道路の左側に寄って進路を譲るのが原則である。

8

A 右の標識がある通行帯を、一般原動機付自転車で通行した。

B 右の標識がある通行帯を、普通自動車で通行した。

ジャンル7 最高速度に関する問題

9

A 右の標識がある道路を通行する自動車は、時速40キロメートルを超えてはならない。

B 右の標識がある道路を通行する一般原動機付自転車は、時速40キロメートルで運転できる。

ジャンル8 徐行に関する問題

10

A 信号機がある左右の見通しがきかない交差点を通過するときは、徐行しなくてもよい。

B 見通しがきかない交差点を通過するときは、優先道路を通行していても徐行しなければならない。

A ○
B ✕
C ✕

❗横断歩道に近づくときの３つのケース　➡P.35

横断歩道に近づいた車は、歩行者の有無や動向で対応方法が異なります。次の３つのケースを覚えておきましょう。

①横断する歩行者が明らかにいない場合は、そのまま進める（問題A「○」）。
②横断する歩行者がいるかいないか明らかでない場合は、横断歩道の手前で停止できるように速度を落として進む（一時停止ではないので問題Bは「✕」）。
③歩行者が横断している、または横断しようとしている場合は、横断歩道の手前で一時停止して歩行者に道を譲る（徐行ではないので問題Cは「✕」）。

A ✕
B ○

❗進路を譲る場合の原則はあくまで左側　➡P.37

交差点やその付近以外のところで緊急自動車が接近してきた場合は、原則として道路の左側に寄って進路を譲ります（問題Bは「○」）。しかし、一方通行の道路では右側に寄って進路を譲る場合があります。それは、左側に寄るとかえって緊急自動車の妨げとなる場合です（問題Aは「✕」）。

A ○
B ✕

❗「専用通行帯」でも通行できる車がある　➡P.38

設問の標識は路線バスなどの「専用通行帯」を表し、原則として路線バスなど以外の車は通行してはいけません。しかし、小型特殊自動車、一般原動機付自転車、軽車両は例外として通行することができるので、Aの答えは「○」、Bは「✕」になります。

A ○
B ✕

❗一般原動機付自転車は時速30キロメートルを超えられない　➡P.39

主語の違いに注目です。標識や標示によって最高速度が指定されている道路では、自動車はその速度（規制速度）を超えてはいけません（問題Aは「○」）。しかし、一般原動機付自転車は、規制速度が時速 30 キロメートルを超える場合でも、時速 30 キロメートルを超えてはいけません（問題Bは「✕」）。

A ○
B ✕

❗２つの例外を覚えておく　➡P.40

左右の見通しがきかない交差点を通過するときは、原則として徐行しなければなりませんが、次のような例外があります。

①信号機などで交通整理が行われている場合（問題Aは「○」）。
②優先道路を通行している場合（問題Bは「✕」）。

ジャンル9 追い越しに関する問題

11

A 交差点とその手前30メートル以内の場所は、原則として追い越しが禁止されている。

B 優先道路を通行している場合でも、交差点の手前から30メートル以内の場所では追い越しをしてはいけない。

ジャンル10 交差点の通行に関する問題

12

A 信号機がない道路の交差点を右折する一般原動機付自転車は、自動車と同じ方法で右折しなければならない。

B 交通整理が行われている道路の交差点を右折する一般原動機付自転車は、どんな場合も二段階右折しなければならない。

ジャンル11 進路変更に関する問題

13

A 右図のような車両通行帯がある道路では、原則として黄色の線を越えて進路変更してはいけない。

B 右図の車両通行帯がある道路が工事のため通行できないときは、黄色の線を越えて進路変更してもよい。

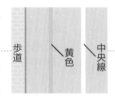

歩道　黄色　中央線

ジャンル12 駐停車に関する問題

14

A 駐車したとき、車の右側の道路上に3.5メートル以上の余地がなくなる場所では、原則として駐車してはいけない。

B 車の右側の道路上に3.5メートル以上の余地がなくなる場所でも、傷病者の救護のためやむを得ないときは、駐車することができる。

ジャンル13 危険な場所・場合での運転に関する問題

15

A 夜間、見通しが悪い交差点やカーブの手前では、前照灯を上向きにするか点滅させて、他車や歩行者に自車の接近を知らせる。

B 霧の中を走行するときは、見通しをよくするため前照灯を上向きにする。

A ○
B ×

❗優先道路を通行している場合は追い越しOK　➡P.49

交差点とその手前から30メートル以内は、追い越し禁止場所に指定されています。ただし、優先道路を通行している場合を除くという例外もありますので、問題Aは「○」、問題Bは「×」になります。

A ○
B ×

❗信号機がある片側3車線以上は「二段階」　➡P.51

一般原動機付自転車が交差点を右折する場合は、二段階と小回りの方法があります。二段階右折が必要なのは次の交差点です（問題Aは「○」、Bは「×」）。
①信号機などで交通整理が行われている片側3車線以上ある道路の交差点。
②「一般原動機付自転車の右折方法（二段階）」の標識がある道路の交差点。

A ○
B ○

❗黄色の線を越えてもよい例外がある　➡P.53

車両通行帯が黄色の線で区画されている道路は、進路変更禁止を表しています（問題Aは「○」）。しかし、次の場合は例外として進路変更することができます。
①緊急自動車に進路を譲るとき。
②道路工事などで通行できないとき（問題Bは「○」）。

A ○
B ○

❗余地をあけずに駐車できる2つの例外がある　➡P.59

車を道路上に駐車するときは、他の車が通れるように、車の右側に3.5メートル以上の余地をあけるのが原則です（設問Aは「○」）。しかし、荷物の積みおろしで運転者がすぐに運転できるときと、傷病者の救護のためやむを得ないときは、例外として3.5メートル以上の余地をあけずに駐車できます（設問Bは「○」）。

A ○
B ×

❗ライトは原則として上向き、状況で下向きにする　➡P.66・P.67

見通しが悪い場所では、自車の存在を知らせるため、前照灯を上向きのままにします（問題Aは「○」）。反対に、霧が発生したときに前照灯を上向きにすると、光が乱反射してかえって見づらくなってしまうので、下向きにして運転します（問題Bは「×」）。

最後に一言 自分の苦手ジャンルがわかりましたか？
P.16からの「試験に出る交通ルール」で覚えていきましょう！

CONTENTS

試験に出る交通ルール
ジャンル別に要点をまる暗記！

普通免許 仮免許・本免許模擬テスト
間違えたらルールに戻って再チェック！

※本書の情報は、原則として2024年1月31日現在の法令等に基づいて編集しています。

学科試験合格のポイント❶

文章問題 はここに注意！

1 用語の意味を正しく覚える

交通用語には独特のものがあり、正しく覚えておかなければ正解できない用語もあります。たとえば、一般原動機付自転車と軽車両（けいしゃりょう）は「自動車」には含まれませんが、「車」には含まれます。

> **例題** 前方の信号が青色の灯火の場合、すべての車は、直進、左折、右折することができる。

答✕ 二段階右折が必要な<u>一般原動機付自転車と軽車両</u>は、右折できません。

2 「例外」があるルールに気をつける

問題文に「必ず」「すべての」「どんな場合も」といった強調する言葉が出てきたときは、例外がないか注意しなければなりません。

> **例題** 通行に支障（ししょう）がある高齢者が歩いているときは、必ず一時停止して保護しなければならない。

答✕ <u>一時停止</u>または<u>徐行</u>をして、高齢者が安全に通行できるようにします。

学科試験合格のポイント❷

イラスト問題 はここに注意！

1 5問とも間違えると合格がむずかしくなる

イラスト問題は1問につき3つの設問があり、1つでも間違えると得点になりません。5問とも間違えると「－10点」となり、合格がむずかしくなります。イラストをよく見て答えましょう。

2 「～するかもしれない」という考え方が大切

「危険を予測した運転」がテーマのイラスト問題は、さまざまな交通の場面が運転者の目線で再現されています。イラストに示された状況で、運転者がどのように運転すれば安全か、どのように危険を回避（かいひ）すればよいかなどを問うものです。「～だろう」ではなく、「～するかもしれない」という考え方で危険を予測することが大切です。

3 「以上・以下」「超える・未満」の違いを理解する

問題文に数字が出てくる問題では、範囲を示す言葉に注意します。「以上・以下」はその数字を含み、「超える・未満」はその数字を含まないことを覚えておきましょう。

例題 幅が 0.75 メートル以下の白線 1 本の路側帯がある道路では、路側帯の中に入って駐車することができる。

答 ✕ 中に入れるのは、幅が 0.75 メートルを<u>超える</u>白線 1 本の路側帯です。

4 まぎらわしい標識に注意する

標識には似たようなデザインのものがあります。色や形に注意して正しく覚えておきましょう。

3 見える危険はもちろん、見えない危険も予測する

イラストには、さまざまな危険が潜んでいます。歩行者や対向車の動向、後続車の有無、信号の状況などを考えた運転が求められます。さらに、車のかげにいる歩行者など、目に見えない危険も予測して解答していきましょう。

受験ガイド

＊受験の詳細は、事前に各都道府県の試験場の
ホームページなどで確認してください。

受験できない人

1	年齢が 18 歳に達していない人
2	免許を拒否された日から起算して、指定期間を経過していない人
3	免許を保留されている人
4	免許を取り消された日から起算して、指定期間を経過していない人
5	免許の効力が停止、または仮停止されている人

＊一定の病気（てんかんなど）に該当するかどうかを調べるため、症状に関する質問票
（試験場にある）を提出してもらいます。

受験に必要なもの

1	住民票の写し（本籍記載のもの）、または運転免許証（原付免許などを取得している人）
2	運転免許申請書（用紙は試験場にある）
3	証明写真（縦 30 ミリメートル×横 24 ミリメートル、6 か月以内に撮影したもの）
4	受験手数料、免許証交付料（金額は事前に確認のこと）

＊はじめて免許証を取る人は、健康保険証やパスポートなどの身分を証明するものの提
示が必要です。

適性試験の内容

1	視力検査	両眼が 0.7 以上、かつ片方の目がそれぞれ 0.3 以上で合格。片方の目が 0.3 未満または見えない場合でも、見えるほうの視力が 0.7 以上で視野が 150 度以上あれば合格。メガネ、コンタクトレンズの使用も可。
2	色彩識別能力検査	信号機の色である「赤・黄・青」を見分けることができれば合格。
3	聴力検査	10 メートル離れた距離から警音器の音（90 デシベル）が聞こえれば合格。補聴器の使用も可。
4	運動能力検査	手足、腰、指などの簡単な屈伸運動をして、車の運転に支障がなければ合格。義手や義足の使用も可。

＊身体や聴覚に障害がある人は、あらかじめ運転適性相談を受けてください。

学科試験の内容と合格基準

＊「準中型免許」の学科試験も普通免許と
同じです。

1	仮免許	問題を読んで別紙のマークシートの「正誤」欄に記入する形式。文章問題が 50 問（1 問 1 点）出題され、50 点満点中 45 点以上で合格。制限時間は 30 分。
2	本免許	問題を読んで別紙のマークシートの「正誤」欄に記入する形式。文章問題が 90 問（1 問 1 点）、イラスト問題が 5 問（1 問 2 点。ただし、3 つの設問すべてに正解した場合に得点）出題され、100 点満点中 90 点以上で合格。制限時間は 50 分。

試験に出る

交通ルール

ジャンル別に
要点をまる暗記！

＊特に断りがない場合は**原動機付自転車＝一般原動機付自転車**を指す。

1 運転前のチェックポイント

ポイント 001 所持品を確認する

免許証を携帯する。眼鏡等使用などの条件付きで免許を受けている場合は、免許証に記載されている条件を守る。

強制保険（自動車損害賠償責任保険または責任共済）の証明書は、車に備えつける。

ポイント 002 運転計画を立てる

地図などを見て、あらかじめルートや所要時間、休憩場所などの計画を立てる。

2時間に1回

長時間運転するときは、少なくとも2時間に1回は休息をとる。

ポイント 003 運転を控えるとき

疲れているとき、病気のとき、心配事があるときなどは運転しない。睡眠作用があるかぜ薬などを服用したときも同様。

ポイント 004 飲酒運転は禁止

少しでも酒を飲んだら、絶対に運転してはいけない。また、酒を飲んだ人に車を貸したり、これから運転する人に酒を勧めたりしてはいけない。

試験にはこう出る！

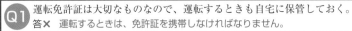

Q1 運転免許証は大切なものなので、運転するときも自宅に保管しておく。
答✗ 運転するときは、免許証を携帯しなければなりません。

Q2 体調が悪いときは注意して運転するべきだが、運転を控える必要はない。
答✗ 無理して運転せずに、体調を整えてから運転するようにします。

最重要暗記ポイント ▶ ポイント 005 / ポイント 006

2 運転免許の種類

ポイント 005　運転免許は3種類

第一種運転免許	自動車や原動機付自転車を運転するときに必要な免許。
第二種運転免許	タクシーやバスなどの旅客自動車を旅客運送する目的で運転するときや、代行運転自動車（普通自動車）を運転するときに必要な免許。
仮運転免許	練習や試験などのために大型・中型・準中型・普通自動車を運転するときに必要な免許。

ポイント 006　第一種運転免許の種類と運転できる車

運転できる車／免許の種類	大型自動車	中型自動車	準中型自動車	普通自動車	大型特殊自動車	大型自動二輪車	普通自動二輪車	小型特殊自動車	原動機付自転車
大 型 免 許	●	●	●	●				●	●
中 型 免 許		●	●	●				●	●
準中型免許			●	●				●	●
普 通 免 許				●				●	●
大型特殊免許					●			●	●
大型二輪免許						●	●	●	●
普通二輪免許							●	●	●
小型特殊免許								●	
原 付 免 許									●
けん引免許	大型・中型・準中型・普通・大型特殊自動車で、他の車をけん引するときに必要（総重量750キログラム以下の車をけん引するとき、故障車をロープなどでけん引するときを除く）								

ポイント 007　＊旅客自動車を営業所まで回送運転する場合は、第一種運転免許で運転できる。
＊自動車や原動機付自転車を運転できる免許を所持しないで運転すると、免許証不携帯の違反となる（無免許運転ではない）。

試験にはこう出る！

Q1 普通免許を取ると、普通自動二輪車も運転することができる。
答✕　普通免許では、普通自動車、一般原動機付自転車、小型特殊自動車しか運転できません。

Q2 運転免許は、第一種・第二種・仮運転免許の3種類に区分されている。
答〇　運転免許は、設問のような3種類に区分されています。

本免 仮免

運転前の確認事項

最重要暗記ポイント ▷ ポイント011 ポイント016

3 自動車などの種類

自動車などの種類と意味

ポイント008	**大型自動車**	大型特殊、大型・普通自動二輪車、小型特殊以外の自動車で、次の条件のいずれかに該当する自動車。 ●**車両総重量**…11,000キログラム以上のもの ●**最大積載量**…6,500キログラム以上のもの ●**乗車定員**……30人以上のもの
ポイント009	**中型自動車**	大型、大型特殊、大型・普通自動二輪車、小型特殊以外の自動車で、次の条件のいずれかに該当する自動車。 ●**車両総重量**…7,500キログラム以上11,000キログラム未満のもの ●**最大積載量**…4,500キログラム以上6,500キログラム未満のもの ●**乗車定員**……11人以上29人以下のもの
ポイント010	**準中型自動車**	大型・中型・大型特殊、大型・普通自動二輪車、小型特殊自動車以外の自動車で、次の条件のいずれかに該当する自動車。 ●**車両総重量**…3,500キログラム以上7,500キログラム未満のもの ●**最大積載量**…2,000キログラム以上4,500キログラム未満のもの ●**乗車定員**……10人以下のもの
ポイント011	**普通自動車**	大型、中型、準中型、大型特殊、大型・普通自動二輪車、小型特殊以外の自動車で、次の条件のすべてに該当する自動車。 ●**車両総重量**…3,500キログラム未満のもの ●**最大積載量**…2,000キログラム未満のもの ●**乗車定員**……10人以下のもの　　　＊ミニカーを含む。
ポイント012	**大型特殊自動車**	特殊な構造をもち、特殊な作業に使用する自動車で、最高速度や車体の大きさが小型特殊にあてはまらない自動車。
ポイント013	**大型自動二輪車**	エンジンの総排気量が400ccを超え、または定格出力が20.0キロワットを超える二輪の自動車（側車付きを含む）。
ポイント014	**普通自動二輪車**	エンジンの総排気量が50ccを超え400cc以下、または定格出力が0.6キロワットを超え20.0キロワット以下の二輪の自動車（側車付きを含む）。
ポイント015	**小型特殊自動車**	次の条件のすべてに該当する特殊な構造をもつ自動車。 ●最高速度が時速15キロメートル以下のもの ●長さ4.7メートル以下、幅1.7メートル以下、高さ2.0メートル以下（ヘッドガードなどにより2.0メートルを超え、2.8メートル以下を含む）のもの
ポイント016	**原動機付自転車**	エンジンの総排気量が50cc以下の二輪のもの、または定格出力0.6キロワット以下の二輪車（スリーターを含む）

● 「車など（車両等）」は、「車（車両）」と「路面電車」に分類され、「車（車両）」には「自動車」「原動機付自転車」「軽車両」「トロリーバス」がある。

試験にはこう出る！

Q1 一般原動機付自転車や軽車両は、自動車には含まれない。
答○　一般原動機付自転車は自動車ではなく、車（車両）に含まれます。

4 日常点検と定期点検

日常点検の意味と点検内容

ポイント017 日常点検…日ごろ自動車を使用する人が、走行距離や運行時の状態などから判断した適切な時期に、自分自身の責任で行う点検のこと（1日1回点検を行う車は下記のとおり）。

ポイント018 1日1回、運行前に日常点検を行う車

事業用自動車（バス、タクシーなど）	自家用の大型自動車、中型自動車、準中型貨物自動車、普通貨物自動車（660cc以下を除く）、大型特殊自動車など
レンタカー	

ポイント019 日常点検を行う箇所（一例）

運転席に座ったり、エンジンルームをのぞいたり、自動車のまわりを回りながら定められた箇所を点検する。
- **運転席での点検**…ブレーキペダル・レバー（床板とのすき間は適当か、引きしろに余裕はあるか）。
- **エンジンルームの点検**…エンジンオイル・バッテリー（液量は適正か）。
- **車まわりの点検**…タイヤ（空気圧は適正か、溝の深さは十分か、亀裂や損傷はないか）。

定期点検の意味と点検の時期

ポイント020 定期点検…日常点検では把握できない項目があり、故障を事前に防止するために必要な点検のこと。定期点検の時期は、自動車の車種や用途によって定められている。

ポイント021 定期点検の時期（抜粋）

3か月ごと	● 事業用の自動車（660cc以下の自動車、大型・普通自動二輪車を除く） ● 自家用の大型自動車・中型自動車（車両総重量8t未満の貨物自動車を除く） ● 準中型貨物自動車、普通貨物自動車などのレンタカー
6か月ごと	● 自家用の準中型貨物自動車、普通貨物自動車（660cc以下の自動車を除く） ● 普通乗用自動車などのレンタカー（660cc以下の自動車、大型・普通自動二輪車を含む）
1年ごと	● 自家用の普通乗用自動車など（660cc以下の自動車、大型・普通自動二輪車を含む）

試験にはこう出る！

Q1 自家用の普通乗用自動車は、1日1回、運行前に必ず日常点検を行わなければならない。
答✕ 走行距離などから判断した適切な時期に日常点検を行います。

Q2 自家用の普通乗用自動車は、1年ごとに定期点検を行い、必要な整備をしなければならない。
答○ 自家用の普通乗用自動車の定期点検は、1年ごとに行います。

最重要暗記ポイント

ポイント
024

ポイント
025

5 安全運転のための知識

ポイント
022 **安全運転のための3ポイント**

①認知…危険な情報を早く発見する。
②判断…避けるか止まるかなどの運転行動を考える。
③操作…ハンドルで避けたり、ブレーキをかけたりする。

認知 ▶ 判断 ▶ 操作

ポイント
023 **携帯電話・カーナビゲーション装置**

運転中は、通話、メールの送受信のために、手に持って携帯電話を使用してはいけない（ハンズフリー機能を利用する場合を除く）。事前に電源を切ったり、ドライブモードなどに切り替えておく。

運転中は、カーナビゲーション装置の画像を注視してはいけない。周囲の安全確認ができなくなり、非常に危険。

ポイント
024 **視覚の重要性を知る**

運転で最も重要な感覚は視覚。疲労は目に最も影響が現れ、見落としや見誤りが多くなる。

明るさが急に変わると、視力は一時、急激に低下する。

視力は高速になるほど低下し、近くのものが見えにくくなる。

試験にはこう出る！

Q1 携帯電話は、運転前に電源を切るなどして呼出音が鳴らないようにする。
答○ 電源を切ったり、ドライブモードに設定しておきましょう。

Q2 視力は、暗いところから急に明るいところへ出ると一時的に低下する。
答○ 急にまぶしくなり、視力は一時的に低下します。

車に働く自然の力を知る

ポイント 025 ●遠心力

遠心力は、速度の二乗に比例して大きくなる。また、カーブの半径が小さくなる（急カーブになる）ほど大きくなる。

ポイント 026 ●衝撃力

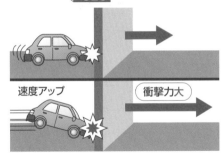

衝撃力は、速度と重量に応じて大きくなる。また、固い物にぶつかるほど大きくなる。

ポイント 027 ●制動距離

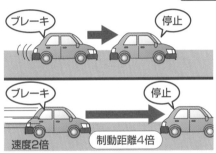

制動距離（P39参照）は、速度の二乗に比例して大きくなる。

濡れたアスファルト路面を走るときは、タイヤと路面との摩擦抵抗が小さくなり、制動距離が長くなる。

ポイント 028 交通公害を防止する

不必要な急発進や急ブレーキ、空ぶかしは、交通公害の原因になるので避ける。

やめておこう…

光化学スモッグが発生したとき、または発生するおそれがあるときは、車の運転を控える。

最重要暗記ポイント

6 信号の種類と意味

ポイント 029 青色の灯火信号の意味

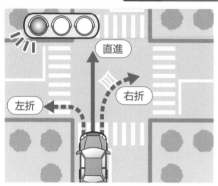

車（軽車両、二段階右折する原動機付自転車を除く）は、直進、左折、右折できる。軽車両は、直進、左折できる。

二段階右折する原動機付自転車は、交差点を直進し、右折地点で向きを変え、前方の信号が青になってから進行する。

ポイント 030 黄色の灯火信号の意味

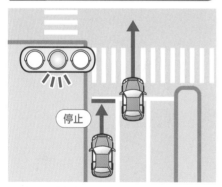

車は、停止位置から先に進んではいけない。ただし、停止位置で安全に停止できないときは、そのまま進める。

ポイント 031 赤色の灯火信号の意味

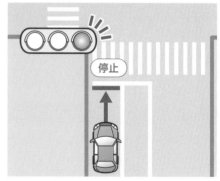

車は、停止位置を越えて進んではいけない。

試験にはこう出る！

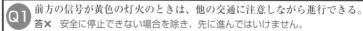

Q1 前方の信号が黄色の灯火のときは、他の交通に注意しながら進行できる。
答✕ 安全に停止できない場合を除き、先に進んではいけません。

Q2 前方の信号が青色の灯火のとき、車はどんな交差点でも直進、左折、右折できる。
答✕ 二段階右折する一般原動機付自転車と軽車両は右折できません。

ポイント 032 青色の矢印（右向き矢印の場合）信号の意味

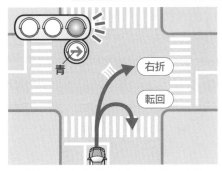

青
右折
転回

車は、右折、転回できる。ただし、二段階の方法で右折する原動機付自転車と軽車両は、右折、転回できない。

青
二段階右折の原動機付自転車
右折・転回できない
片側3車線以上

軽車両と二段階右折する原動機付自転車は進めない（右向き以外の矢印の場合、車は矢印の方向に進める）。

ポイント 033 黄色の矢印信号の意味

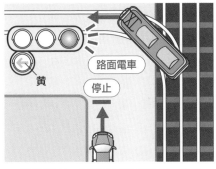

黄
路面電車
停止

路面電車は、矢印の方向に進める。車は進めない。

ポイント 034 赤色の点滅信号の意味

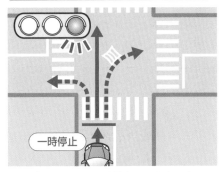

一時停止

車は停止位置で一時停止し、安全を確認したあとに進める。

ポイント 035 黄色の点滅信号の意味

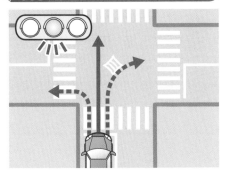

車は、他の交通に注意して進める。

ポイント 036 「左折可」の標示板があるとき

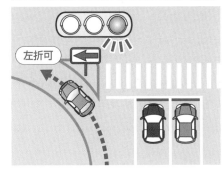

左折可

前方の信号が赤や黄でも、他の交通に注意して左折できる。

23

7 警察官などの信号の意味

身体の正面に対面する交通
➡赤色の灯火信号と同じ。
身体の正面に平行する交通
➡青色の灯火信号と同じ。

身体の正面に対面する交通
➡赤色の灯火信号と同じ。
身体の正面に平行する交通
➡黄色の灯火信号と同じ。

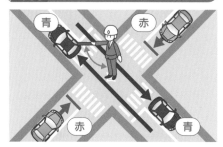

身体の正面に対面する交通
➡赤色の灯火信号と同じ。
身体の正面に平行する交通
➡青色の灯火信号と同じ。

身体の正面に対面する交通
➡赤色の灯火信号と同じ。
身体の正面に平行する交通
➡黄色の灯火信号と同じ。

ポイント 041
＊「警察官など」とは、警察官と交通巡視員のことをいう。
＊警察官などの手信号・灯火信号が、信号機の信号と異なる場合は、警察官などの信号
に従う。

試験にはこう出る！

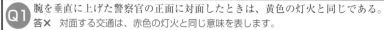

Q1 腕を垂直に上げた警察官の正面に対面したときは、黄色の灯火と同じである。
答✕ 対面する交通は、赤色の灯火と同じ意味を表します。

Q2 灯火を横に振った警察官の正面に平行する交通は、青色の灯火と同じである。
答〇 平行する交通は、青色の灯火と同じ意味を表します。

8 乗車姿勢とシートベルトの着用法

最重要暗記ポイント ▶ ポイント 046 ポイント 050

乗車姿勢とシートベルトの着用法

ポイント **042** 身体…ハンドルに正対する。

ポイント **043** ひじ…窓枠に載せない。

ポイント **044** 座り方…深く腰かけ、背もたれに背中をつける。

ポイント **045** 座席の背の位置…ハンドルに両手をかけたとき、ひじがわずかに曲がるようにする。

ポイント **046** 座席の前後の位置…クラッチペダルを踏み込んだとき、ひざがわずかに曲がるようにする。

身体
ひじ

座席の背の位置
座り方
座席の前後の位置

シートベルトの正しい着用法

ポイント **047** ベルト全体…ねじれがないように締める。

ポイント **048** 肩ベルト…首にかからないようにし、たすきがけをする。

ポイント **049** 腰ベルト…腹部にかからないようにし、骨盤を巻くようにする。

ポイント **050** 運転者の義務…運転者が着用するのはもちろん、助手席や後部座席の人にも、必ずシートベルトを着用させる。

肩ベルト
腰ベルト
ベルト全体

ポイント **051** チャイルドシートの使用…6歳未満の幼児を乗せるときは、体格に合ったチャイルドシートを使用しなければならない。6歳以上の子どもにも、使用するほうがよい。

ポイント **052** 運転にふさわしい服装…運転操作に支障がなく、活動しやすい服装で運転する。運転に支障があるげたやハイヒールは不可、運動靴が望ましい。

試験にはこう出る！

Q1 運転に疲れたときは、窓枠にひじを載せて運転するとよい。
答✕ 窓枠にひじを載せると、正しい運転操作ができなくなり危険です。

Q2 運転者は、後部座席に乗せる人にシートベルトを着用させる義務はない。
答✕ 後部座席の人にも、シートベルトを着用させなければなりません。

9 標識の種類と意味

ポイント 053 標識は「本標識」と「補助標識」の2種類

本標識 …交通規制などを示す標示板のこと。
補助標識 …本標識に取り付けられ、その意味を補足するもの。

本標識は4種類

ポイント 054 規制標識	通行止め	歩行者等専用	徐行	一方通行
特定の交通方法を禁止したり、特定の方法に従って通行するよう指定したりするもの				

ポイント 055 指示標識	停車可	中央線	停止線	自転車横断帯
特定の交通方法ができることや、道路交通上決められた場所などを指示するもの				

ポイント 056 警戒標識	右方屈曲あり	落石のおそれあり	幅員減少	上り急こう配あり
道路上の危険や注意すべき状況などを、前もって道路利用者に知らせて注意を促すもので、黄色のひし形	黄	黄	黄	黄

ポイント 057 案内標識	方面、方向及び道路の通称名	入り口の方向	待避所	登坂車線
地点の名称、方面、距離などを示して、通行の便宜を図ろうとするもの。緑色は、高速道路に関するもの		緑		

試験にはこう出る！

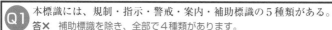

Q1 本標識には、規制・指示・警戒・案内・補助標識の5種類がある。
答✕ 補助標識を除き、全部で4種類があります。

Q2 規制標識とは、道路上の危険や注意すべき状況を知らせるものである。
答✕ 規制標識は、特定の交通方法を禁止したり、通行方法を指定したりするものです。

運転前の確認事項

10 標示の種類と意味

最重要暗記ポイント ▶ ポイント 058 ポイント 063

ポイント 058 標示は2種類

標示 ………ペイントや道路びょうなどによって路面に示された線や記号、文字のことをいい、「規制標示」と「指示標示」の2種類がある。

規制標示 …特定の交通方法を禁止または指定するもの。

指示標示 …特定の交通方法ができることや、道路交通上決められた場所などを指示するもの。

おもな規制標示の意味

ポイント 059 転回禁止

車は、転回（Uターン）してはいけない。

ポイント 060 駐車禁止

車は、駐車してはいけない。黄色の破線で示される。

ポイント 061 立入り禁止部分

車は、黄色で示された枠内に入ってはいけない。

おもな指示標示の意味

ポイント 062 前方優先道路

前方の交差する道路が優先道路であることを表す。

ポイント 063 右側通行

車は、道路の右側部分を通行できる。

ポイント 064 安全地帯

安全地帯であることを表す。

試験にはこう出る！

Q1 標示とは、ペイントなどで路面に示された線や記号、文字のことをいう。
答〇 標示は、ペイントやびょうなどで路面に示されています。

Q2 標示には、規制標示と案内標示の2種類がある。
答✕ 規制標示と指示標示の2種類があります。案内標示はありません。

11 乗車・積載の制限とけん引

自動車、原動機付自転車の乗車定員と積載制限

車の種類	乗車定員	積載物の重量	積載物の大きさ、積載の方法	
ポイント 065 大型自動車 準中型自動車 中型自動車 普通自動車	自動車検査証に記載されている乗車定員（ミニカーは1人）	自動車検査証に記載されている最大積載量（ミニカーは90キログラム以下）	自動車の長さ×1.2以下（自動車の長さ+前後にそれぞれ長さの10分の1以下）	自動車の幅×1.2以下（自動車の幅+左右にそれぞれ幅の10分の1以下）3.8メートル以下
			*三輪、660cc以下の普通自動車の場合、高さは地上2.5メートル以下。	
ポイント 066 大型自動二輪車 普通自動二輪車 （側車付きを除く）	1人 （運転席以外に座席があるものは2人）	60 キログラム以下	積載装置の長さ+0.3メートル以下　積載装置の幅+左右に0.15メートル以下　2.0メートル以下	
ポイント 067 原動機付自転車	1人	30 キログラム以下		

ポイント 068　人を乗せるときの注意点

12歳未満の子どもを乗せるときは、子ども3人を大人2人として計算する。

座席以外のところに人を乗せてはいけない（例外は右ページ参照）。

試験にはこう出る！

Q1 乗車定員5人の車に、運転者以外に、大人2人と12歳未満の子ども3人を乗せて運転した。
　答○　子ども3人は大人2人として換算するので、合計5人となり運転できます。

Q2 故障車をクレーン車でけん引するときは、けん引免許が必要である。
　答✕　故障車をロープやクレーン車でけん引するときは、けん引免許は必要ありません。

ポイント 069 荷台に人を乗せることができるとき

最小限の人

荷物を見張るための最小限の人。

許可証

出発地の警察署長の許可を受けたとき。

ポイント 070 けん引免許が必要なとき

750キログラムを超える

けん引自動車で、750キログラムを超える車をけん引するとき。

ポイント 071 けん引免許が必要ないとき

750キログラム以下の車をけん引するときや、故障車をロープやクレーンなどでけん引するとき。

ポイント 072 故障車をロープでけん引する方法

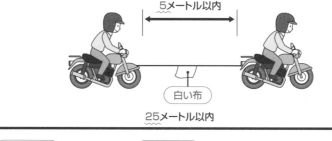

5メートル以内

白い布

25メートル以内

免許所持者　5メートル以内　免許所持者　5メートル以内

● けん引する車との間に5メートル以内の安全な間隔を保ち、先端から後端までの長さを25メートル以内にする。ロープには0.3メートル平方以上の白い布を付ける。
● 大型・中型・準中型・普通・大型特殊自動車は2台まで、自動二輪車・小型特殊自動車は1台だけけん引できる。

29

1 車が通行する場所

ポイント 073 車道を通行する

車は、歩道や路側帯と車道の区別がある道路では、車道を通行する。

ポイント 074 左側通行が原則

車は、中央線がないときは道路の中央から左の部分（左寄り）を通行し、中央線があるとき（車両通行帯がない道路）は中央線から左の部分（左寄り）を通行する。

ポイント 075 車両通行帯があるとき

片側2車線の道路では、車は左側の車両通行帯を通行する。

片側3車線以上の道路では、自動車は速度に応じて順次左側の車両通行帯を通行する。

＊最も右側の車両通行帯は、右折や追い越しのためにあけておく。

試験にはこう出る！

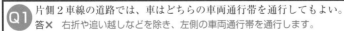

Q1 片側2車線の道路では、車はどちらの車両通行帯を通行してもよい。
答✕ 右折や追い越しなどを除き、左側の車両通行帯を通行します。

Q2 一方通行の道路では、右側部分にはみ出して通行してもよい。
答〇 反対方向から車が来ないので、右側部分にはみ出せます。

ポイント 076 右側部分にはみ出して通行できる4つの場合

道路が一方通行になっているとき。

工事などで十分な道幅がないとき。

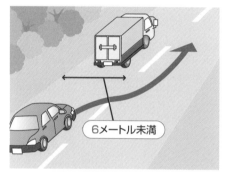

6メートル未満

左側部分の幅が6メートル未満の見通しがよい道路で追い越しをするとき（禁止されている場合を除く）。

右側通行の標示

「右側通行」の標示があるとき。

＊一方通行以外の道路では、はみ出し方をできるだけ少なくする。

ポイント 077 通行するときの注意点

中央線

車両通行帯からはみ出したり、2つの車両通行帯にまたがったりして通行してはいけない。

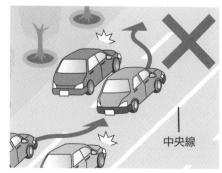

中央線

同一の車両通行帯を通行し、みだりに進路を変えて通行してはいけない。

2 車が通行してはいけない場所

最重要暗記ポイント ▶ ポイント 079 ポイント 081

ポイント 078 標識や標示で通行が禁止されているところ

通行止め

車両通行止め

黄
立入り禁止部分

黄　軌道
安全地帯

ポイント 079 歩道・路側帯

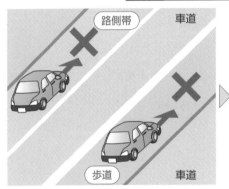

自動車や原動機付自転車は、歩道や路側帯を通行してはいけない。

例外 道路に面した場所に出入りするために横切るときは通行できる。その場合、歩行者の有無にかかわらず、その直前で一時停止が必要。

ポイント 080 ＊二輪車のエンジンを止めて押して歩くときは歩行者として扱われるので、歩道や路側帯を通行できる（側車付きやけん引している車を除く）。

歩行者

試験にはこう出る！

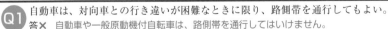

Q1 自動車は、対向車との行き違いが困難なときに限り、路側帯を通行してもよい。
答✕　自動車や一般原動機付自転車は、路側帯を通行してはいけません。

Q2 道路外に出るため路側帯を横切るときは、その直前で一時停止する。
答〇　歩行者の有無にかかわらず、一時停止しなければなりません。

ポイント 081　歩行者用道路

車は、歩行者用道路を通行してはいけない。

例外 沿道に車庫を持つなどを理由に許可を受けた車は通行できる。この場合、歩行者に注意して徐行が必要。

ポイント 082　軌道敷内

車は、軌道敷内を通行してはいけない。

例外 「軌道敷内通行可」の標識で通行が認められている車、右左折などで横切る場合、危険防止、道路工事などでやむを得ない場合は通行できる。

ポイント 083　渋滞しているときは進入禁止

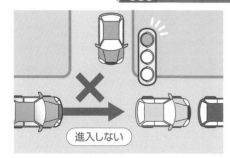
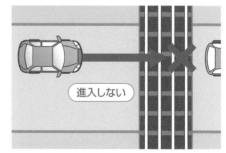

交差する車の通行を妨げるおそれがあるときは、交差点に進入してはいけない。

前方の交通が混雑していて、踏切内で動きがとれなくなるおそれがあるときは、踏切に進入してはいけない。

＊横断歩道、自転車横断帯、「停止禁止部分」の標示がある場所へも、進入してはいけない。

一般道路の通行方法　車が通行してはいけない場所

33

3 歩行者などのそばを通るとき

ポイント 084 歩行者や自転車のそばを通るとき

歩行者や自転車との間に安全な間隔をあける。

安全な間隔をあけられないときは徐行する。

ポイント 085 安全地帯のそばを通るとき

安全地帯（乗り降りする人の安全を図るための場所）に歩行者がいるときは徐行する。

安全地帯に歩行者がいないときはそのまま進行できる。

ポイント 086 停止中の路面電車のそばを通るとき

後方で停止し、乗降客や横断する人がいなくなるまで待つ。

例外 安全地帯があるときと、安全地帯がなく乗降客がいない場合で、路面電車との間に 1.5 メートル以上の間隔がとれるときは、徐行して進める。

試験にはこう出る！

Q1 歩行者のそばを通るときは、安全な間隔をあけるか、徐行しなければならない。
答○ 安全な間隔をあけられないときは、徐行して通過します。

Q2 安全地帯に歩行者がいないときは、そのまま進行してもよい。
答○ 歩行者がいないときは、そのまま進行することができます。

4 横断歩道などを通行するとき

ポイント 087 横断歩道などに近づいたとき

そのまま

停止できるような速度

一時停止

横断する人が明らかにいないときは、そのまま進める。

横断する人がいるかいないか明らかでないときは、停止できるような速度で進む。

横断する人または横断しようとする人がいるときは、一時停止して歩行者に道を譲る。

＊自転車横断帯の自転車に対しても、同じように対処する。

ポイント 088 手前に停止車両があるとき

一時停止

横断歩道などの手前に停止車両があるときは、その前方に出る前に一時停止する。

ポイント 089 追い越し・追い抜き禁止

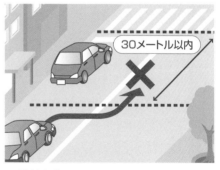

30メートル以内

横断歩道や自転車横断帯と、その手前30メートル以内の場所では、追い越しと追い抜きが禁止されている。

試験にはこう出る！

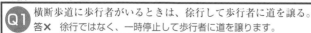

Q1 横断歩道に歩行者がいるときは、徐行して歩行者に道を譲る。
答✕ 徐行ではなく、一時停止して歩行者に道を譲ります。

Q2 横断歩道の直前に停止車両があるときは、一時停止して安全を確認する。
答〇 車のかげで歩行者が見えないので、一時停止して安全を確認します。

最重要暗記ポイント ▷

ポイント
091

ポイント
094

5 子ども、高齢者などのそばを通るとき

ポイント
090 **徐行か一時停止して保護する人**

徐行
または
一時停止

● 1人で歩いている子ども。
● 身体障害用の車いすの人。
● 白か黄のつえを持った人。
● 盲導犬を連れた人。
● 通行に支障がある高齢者など。

ポイント
091 **停止中の通学・通園バスのそばを通るとき**

徐行

徐行して安全を確かめる。

マークを付けた車を保護する

ポイント
092 下記のマークを付けた車には、側方への幅寄せや、前方への無理な割り込みをしてはいけない。

ポイント093 ●初心者マーク	ポイント094 ●高齢者マーク	ポイント095 ●身体障害者マーク	ポイント096 ●聴覚障害者マーク	ポイント097 ●仮免許練習標識
 黄　緑	黄緑 黒 オレンジ 緑 黄	青	黄 緑 黄	仮免許 練習中
免許を受けて1年未満の人が、自動車を運転するときに付けるマーク。	70歳以上の人が、自動車を運転するときに付けるマーク。	身体に障害がある人が、自動車を運転するときに付けるマーク。	聴覚に障害がある人が、自動車を運転するときに付けるマーク。	運転の練習をする人が、自動車を運転するときに付けるマーク。

試験にはこう出る！

Q1 1人で歩いている子どものそばを通るときは、必ず一時停止しなければならない。
答✕　必ず一時停止する義務はなく、徐行して保護することもできます。

Q2 聴覚障害者マークを付けた車に対しては、追い越しをしてはいけない。
答✕　追い越しや追い抜きは、とくに禁止されていません。

最重要暗記ポイント

ポイント
098

ポイント
099

6 緊急自動車の優先

ポイント 098　交差点やその付近で緊急自動車が近づいてきたとき

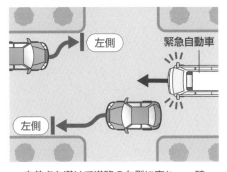

左側

緊急自動車

左側

交差点を避けて道路の左側に寄り、一時
停止して進路を譲る。

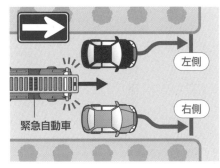

左側

右側

緊急自動車

一方通行の道路で、左側に寄るとかえっ
て緊急自動車の妨げになる場合は、右側
に寄り、一時停止して進路を譲る。

ポイント 099　交差点付近以外のところで緊急自動車が近づいてきたとき

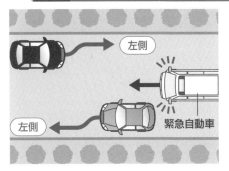

左側

左側

緊急自動車

道路の左側に寄って進路を譲る。

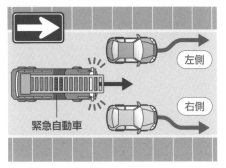

左側

右側

緊急自動車

一方通行の道路で、左側に寄るとかえっ
て緊急自動車の妨げになる場合は、右側
に寄って進路を譲る。

ポイント
100　緊急自動車とは…緊急用務のために運転中の、パトカー、救急用自動車、消防用自動車、
白バイなどの自動車をいう。

試験にはこう出る！

Q1 近くに交差点がない道路で緊急自動車が接近してきたときは、道路の左側に寄って進路を譲る。
答○　道路の左側に寄って、緊急自動車に進路を譲ります。

Q2 交差点内で緊急自動車が近づいてきたときは、その場で一時停止する。
答✕　交差点を避け、道路の左側に寄り、一時停止して進路を譲ります。

最重要暗記ポイント ▷ ポイント 102 / ポイント 103

7 路線バスなどの優先

ポイント 101 バスが発進しようとしているとき

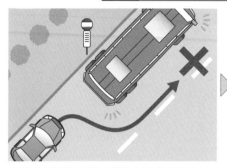

後方の車は、バスの発進を妨げてはいけない。

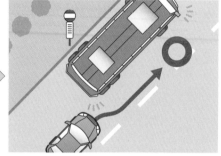

例外 急ブレーキや急ハンドルで避けなければならないときは先に進める。

ポイント 102 専用通行帯の指定があるとき

通行できる

指定車と小型特殊以外の自動車は、①右左折する場合、②工事などでやむを得ない場合以外は、通行してはいけない。原動機付自転車、小型特殊自動車、軽車両は通行できる。

ポイント 103 優先通行帯の指定があるとき

優先通行帯から出る

車も通行できるが、路線バス等が近づいてきたら、指定車と小型特殊以外の自動車は、その車線から出て進路を譲る。原動機付自転車、小型特殊自動車、軽車両は、左側に寄って進路を譲る。

ポイント 104 「路線バス等」とは…路線バスのほか、通学バス、通園バス、通勤送迎用バスをいう。

試験にはこう出る！

Q1 路線バスが発進の合図をしたときは、どんな場合でも、その発進を妨げてはならない。
答✕ 急ブレーキや急ハンドルで避けなければならないような場合は、先に進行できます。

Q2 一般原動機付自転車は、路線バス等の専用通行帯を通行できる。
答〇 一般原動機付自転車、小型特殊自動車、軽車両は、専用通行帯を通行できます。

8 最高速度と停止距離

法定速度の意味

ポイント 105 　法定速度…標識や標示で指定されていないときの最高速度。

ポイント 106

自動車の法定速度	原動機付自転車の法定速度
時速 **60** キロメートル	時速 **30** キロメートル

＊ロープなどで、ほかの車をけん引するときの最高速度は、車種・重量によって、時速40・30・25キロメートルに分けられる。

規制速度の意味

ポイント 107 　規制速度…標識や標示で指定されているときの最高速度。

ポイント 108

黄

自動車は、時速40キロメートルを超えて運転してはいけない。
原動機付自転車は、時速30キロメートルを超えて運転してはいけない。

ポイント 109　車の停止距離

空走距離	+	制動距離	=	停止距離

運転者が危険を感じてブレーキをかけ、ブレーキが効き始めるまでに車が走る距離。

実際にブレーキが効き始めてから、車が停止するまでに走る距離。

空走距離と制動距離を合わせた距離。

ポイント 110 　空走距離が長くなるとき…運転者が疲れているとき（危険を感じて判断するまでに時間がかかる）。
制動距離が長くなるとき…路面が雨で濡れているときや、重い荷物を積んでいるとき。

試験にはこう出る！

Q1 普通自動車の法定速度は、時速60キロメートルである。
答〇　普通自動車の法定速度は時速60キロメートルです。

Q2 ブレーキが効き始めてから車が停止するまでの距離を、停止距離という。
答✕　設問の内容は、停止距離ではなく制動距離。空走距離＋制動距離が停止距離です。

最重要暗記ポイント ▷ ポイント 113 ポイント 116

9 徐行の意味と徐行すべき場所

ポイント 111 徐行の意味

徐行とは …車がただちに停止できるような速度で進行すること。
徐行の目安 …ブレーキ操作をして 1 メートル以内で止まれる速度で、おおむね時速 10 キロメートル以下の速度。

徐行場所は次の5つ

ポイント 112 「徐行」の標識がある場所。

ポイント 113 左右の見通しがきかない交差点。

例外 交通整理が行われている場合や、優先道路を通行している場合は、徐行する必要はない。

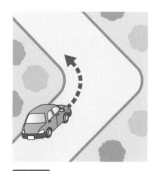

ポイント 114 道路の曲がり角付近。

ポイント 115 上り坂の頂上付近。

ポイント 116 こう配の急な下り坂。上り坂では禁止されていない。

試験にはこう出る！

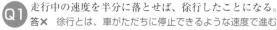

Q1 走行中の速度を半分に落とせば、徐行したことになる。
答✗ 徐行とは、車がただちに停止できるような速度で進むことをいいます。

Q2 こう配の急な上り坂は、徐行場所に指定されている。
答✗ 上り坂の頂上付近とこう配の急な下り坂が、徐行場所です。

10 合図の時期と方法

ポイント 117
ポイント 118

合図を行う6つの場合の時期と方法

合図を行う場合		合図を行う時期	合図の方法
ポイント 117	左折するとき（環状交差点内を除く）	左折しようとする（または交差点から）30メートル手前の地点	伸ばす　曲げる
	環状交差点を出るとき（入るときは合図を行わない）	出ようとする地点の直前の出口の側方を通過したとき（環状交差点に入った直後の出口を出る場合は、その環状交差点に入ったとき）	左側の方向指示器を出すか、右腕を車の外に出してひじを垂直に上に曲げるか、左腕を車の外に出して水平に伸ばす
	左に進路変更するとき	進路を変えようとする約3秒前	
ポイント 118	右折・転回するとき（環状交差点内を除く）	右折や転回しようとする（または交差点から）30メートル手前の地点	曲げる　伸ばす
	右に進路変更するとき	進路を変えようとする約3秒前	右側の方向指示器を出すか、右腕を車の外に出して水平に伸ばすか、左腕を車の外に出してひじを垂直に上に曲げる
ポイント 119	徐行・停止するとき	徐行、停止しようとするとき	斜め下　斜め下　制動灯（ブレーキ灯）をつけるか、腕を車の外に出して斜め下に伸ばす
ポイント 120	四輪車が後退するとき	後退しようとするとき	斜め下　後退灯をつけるか、腕を車の外に出して斜め下に伸ばし、手のひらを後ろに向けて、腕を前後に動かす

ポイント 121 ＊右左折などが終わったらすみやかに合図をやめる。不必要な合図もしない。手による合図は併行して行う。

試験にはこう出る！

Q1 右折の合図は、右折しようとする地点から30メートル手前の地点で行う。
答○　右折しようとする地点から30メートル手前の地点で合図を行います。

Q2 徐行や停止するときは、徐行や停止しようとする約3秒前に合図を行う。
答✕　徐行や停止しようとするときに、制動灯などで合図します。

11 警音器の使用ルール

警音器を使用しなければならない2つの場合

「警笛鳴らせ」の標識

「警笛区間」の標識

ポイント 122　「警笛鳴らせ」の標識がある場所を通るとき。

ポイント 123　●「警笛区間」の標識がある区間内で、次の場所を通るとき

見通しがきかない交差点。

見通しがきかない道路の曲がり角。

見通しがきかない上り坂の頂上。

ポイント 124　警音器の使用制限…警音器は、みだりに鳴らしてはいけない。ただし、危険を避けるためやむを得ない場合は鳴らすことができる。

試験にはこう出る！

Q1 友だちとすれ違ったので、あいさつ代わりに警音器を鳴らした。
答✕　警音器は、あいさつ代わりに使用してはいけません。

Q2 警笛区間内でも、見通しのよい交差点では警音器を鳴らさなくてよい。
答〇　見通しがきかない交差点に限って警音器を鳴らします。

12 オートマチック車の運転

ポイント125 オートマチック車の特性

エンジンがかかっていて、チェンジレバーが「P」や「N」以外のとき、アクセルペダルを踏まなくても、自動車がゆっくり動き出す。これを「クリープ現象」という。

マニュアル車に比べてエンジンブレーキの効果が小さいので、下り坂ではチェンジレバーを2かL（または1）に入れ、エンジンブレーキを十分活用する。

ポイント126 エンジンをかけるときの注意点

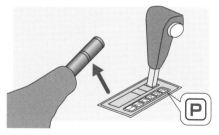

エンジンをかける前に、ブレーキペダルを踏んでその位置を確認し、アクセルペダルの位置を目で見て確認しておく。

ハンドブレーキがかかっており、チェンジレバーが「P」の位置にあることを確認してブレーキペダルを踏み、エンジンを始動する。

ポイント127 交差点などで停止したとき

＊停止中はブレーキペダルをしっかり踏み、念のためハンドブレーキもかけておく。
＊停止時間が長くなりそうなときは、チェンジレバーを「N」に入れておく。

試験にはこう出る！

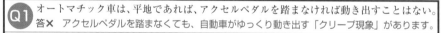

Q1 オートマチック車は、平地であれば、アクセルペダルを踏まなければ動き出すことはない。
答✕　アクセルペダルを踏まなくても、自動車がゆっくり動き出す「クリープ現象」があります。

Q2 オートマチック車のエンジンをかけるときは、チェンジレバーが「N」にあることを確かめる。
答✕　チェンジレバーが「P」の位置にあることを目で見て確認します。

13 二輪車の運転

ポイント 128 二輪車の特性

走行中

停止

不安定

二輪車は、体で安定を保ちながら走り、停止すれば安定を失うという構造上の特性があるため、四輪車とは違った運転技術が必要である。

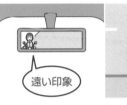

遠い印象

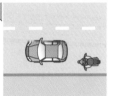

二輪車は、四輪車に比べて車体が小さいため、実際の速度より遅く、また実際の距離より遠くに感じられる傾向がある。

ポイント 129 正しい乗車姿勢

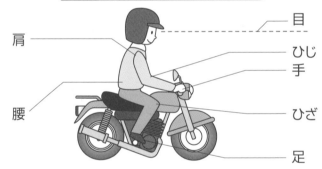

目
肩
ひじ
手
腰
ひざ
足

目	視線を前方に向け、周囲の情報をつねに収集する。
肩	力を抜き、自然体を保つ。
ひじ	下に少し曲げて、衝撃を吸収する。
手	グリップを軽く握り、ハンドルを前に押すようなつもりで持つ。
腰	運転操作しやすい位置に座る。
ひざ	シートやタンクを軽く挟む (ニーグリップ)。
足	ステップに土踏まずを載せ、足の裏が水平になるようにし、足先を前方に向ける。

試験にはこう出る！

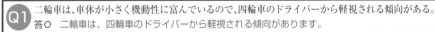

Q1 二輪車は、車体が小さく機動性に富んでいるので、四輪車のドライバーから軽視される傾向がある。
答〇 二輪車は、四輪車のドライバーから軽視される傾向があります。

Q2 普通二輪免許を受けて3年以上であれば、年齢に関係なく高速道路で二人乗りをすることができる。
答✕ 年齢が20歳以上でなければ、高速道路で二人乗りはできません。

ポイント 130 運転に適した服装

ヘルメット	PS（c）かJISマークの付いた安全な乗車用ヘルメットをかぶる。工事用安全帽はダメ。
ウェア	長そで、長ズボンを着用し、目につきやすい色のものを選ぶ。プロテクターを着用する。
グローブ	万一の転倒に備えてグローブを着用する。操作性がよいものを選ぶ。
シューズ	ゲタやハイヒールなど、運転の妨げになるものは避け、乗車用ブーツか運動靴を履く。

ポイント 131 カーブでの運転方法

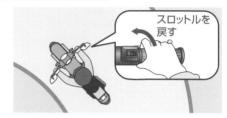

スロットルを戻す

曲がるときは、ハンドルを切るのではなく、車体を傾けることによって自然に曲がるような要領で行う。

カーブの途中では、スロットルで速度を加減する。クラッチは切らずに動力を伝えたまま、カーブの後半で前方の安全を確かめてから徐々に加速する。

ポイント 132 ブレーキをかけるときの注意点

垂直に

同時にブレーキ

前輪ブレーキ（右レバー）

後輪ブレーキ（右ペダル）

車体を垂直に保ち、ハンドルを切らない状態でエンジンブレーキを効かせ、前後輪ブレーキを同時に使用する。

乾燥した路面でブレーキをかけるときは、前輪ブレーキをやや強く、路面が滑りやすいときは、後輪ブレーキをやや強くかける。

ポイント 133 自動二輪車の二人乗り

＊一般道路では、免許を受けて1年未満の人は二人乗りをしてはいけない。

＊高速道路では、年齢が20歳未満、または免許を受けて3年未満の人は二人乗りをしてはいけない。

最重要暗記ポイント ▶ ポイント 134 ポイント 137

1 追い越しの意味と方法

ポイント 134 **追い越しと追い抜きの違い**

●追い越し

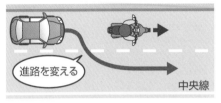

進路を変える

中央線

自車が進路を変えて、進行中の前車の前方に出ることをいう。

●追い抜き

進路を変えない

中央線

自車が進路を変えずに、進行中の前車の前方に出ることをいう。

追い越しの方法

ポイント 135 ●車を追い越すとき

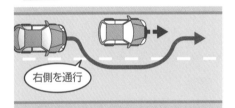

右側を通行

前車の右側を通行するのが原則。ただし、前車が右折のため道路の中央に寄って通行しているときは、その左側を通行する。

ポイント 136 ●路面電車を追い越すとき

左側を通行

路面電車の左側を通行するのが原則。ただし、軌道が左端に設けられているときは、その右側を通行する。

ポイント 137 ●追い越しに関する2つの標識の意味

●「追越し禁止」の標識
道路の右側部分にはみ出す、はみ出さないにかかわらず、追い越しはすべて禁止されている。

追越し禁止

● 「追越しのための右側部分はみ出し通行禁止」の標識

道路の右側部分にはみ出す追い越しが禁止されている。

試験にはこう出る!

Q1 追い抜きとは、進路を変えずに進行中の前車の前方に出ることをいう。
答○ 進行中の前車の前方に出るとき、進路を変えるのが「追い越し」、進路を変えないのが「追い抜き」です。

Q2 前車が右折のため道路の中央に寄って通行しているときは、その左側を通行できる。
答○ 前車が中央寄りを通行しているときは、その左側を通って追い越します。

最重要暗記ポイント ▷

ポイント
138

ポイント
139

2 追い越しが禁止されている場合

追い越しが禁止されている4つの場合

自動車

ポイント **138** 前車が自動車を追い越そうとしているとき（二重追い越し）。

ポイント **139** 前車が右折などのため右側に進路を変えようとしているとき。

ポイント **140** 道路の右側部分に入って追い越しをしようとする場合に、対向車や追い越した車の進行を妨げるおそれがあるとき。

追い越し

ポイント **141** 後ろの車が、自分の車を追い越そうとしているとき。

試験にはこう出る！

Q1 前車が自動車を追い越そうとしているときは、追い越しをしてはいけない。
答○ 前車が追い越すのが自動車の場合は、二重追い越しになるので禁止です。

Q2 対向車の有無が確認できないときは、追い越しをしてはいけない。
答○ 安全が確認できない場合は、追い越しをしてはいけません。

*上記の「追い越し禁止の場合」、48〜49ページの「追い越し禁止場所」、安全が確認できない状況の場合以外の追い越しは、とくに禁止されていない。

本免 仮免
学科試験頻出重要ルール

最重要暗記ポイント

ポイント
145

ポイント
147

3 追い越しが禁止されている場所

追い越しが禁止されている8つの場所

ポイント
142 「追越し禁止」の標識がある場所。

ポイント
143 道路の曲がり角付近。

ポイント
144 上り坂の頂上付近。

ポイント
145 こう配の急な下り坂。
上り坂では禁止されていない。

試験にはこう出る！

Q1 見通しがよければ、道路の曲がり角付近で追い越しをしてもよい。
答✕ 見通しがよくても、道路の曲がり角付近は追い越し禁止です。

Q2 片側2車線のトンネル内は、追い越し禁止場所である。
答✕ 車両通行帯がある場合は、追い越しが禁止されていません。

＊上記の「追い越し禁止場所」、47ページの「追い越し禁止の場合」、安全が確認できない
状況の場合以外の追い越しは、とくに禁止されていない。

中央線

ポイント 146 トンネル内。

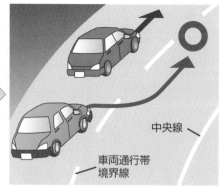

中央線

車両通行帯
境界線

例外 車両通行帯がある場合は禁止されていない。

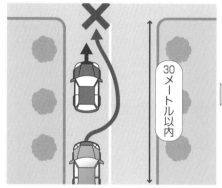

30メートル以内

ポイント 147 交差点と、その手前から 30 メートル以内の場所。

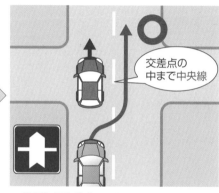

交差点の中まで中央線

例外 優先道路を通行している場合は禁止されていない。

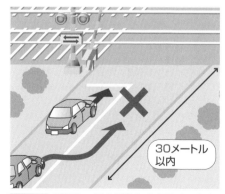

30メートル
以内

ポイント 148 踏切と、その手前から 30 メートル以内の場所。

30メートル
以内

ポイント 149 横断歩道や自転車横断帯と、その手前から 30 メートル以内の場所。

4 交差点の通行方法

ポイント 150 左折の通行方法

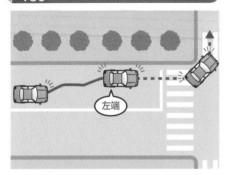

あらかじめできるだけ道路の左端に寄り、交差点の側端に沿って徐行しながら通行する。

ポイント 151 右折の通行方法

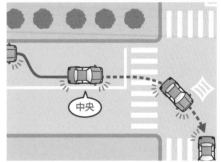

あらかじめできるだけ道路の中央（一方通行路では右端）に寄り、交差点の中心のすぐ内側（一方通行路では内側）を通って徐行しながら通行する。

ポイント 152 環状交差点の通行方法

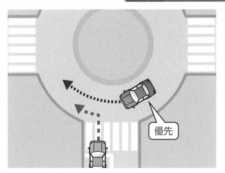

環状交差点に入ろうとするときは、徐行するとともに、環状交差点内を通行する車や路面電車の進行を妨げてはいけない。

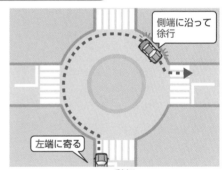

左折、右折、直進、転回しようとするときは、あらかじめできるだけ道路の左端に寄り、環状交差点の側端に沿って徐行しながら通行する（矢印などの標示で通行方法を指定されているときはそれに従う）。

試験にはこう出る！

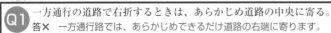

Q1 一方通行の道路で右折するときは、あらかじめ道路の中央に寄る。
答✕ 一方通行路では、あらかじめできるだけ道路の右端に寄ります。

Q2 交差点を右折する一般原動機付自転車は、必ず二段階の方法で右折しなければならない。
答✕ 信号機がない道路などでは、自動車と同じ方法で右折します。

ポイント 153　原動機付自転車の二段階右折の方法

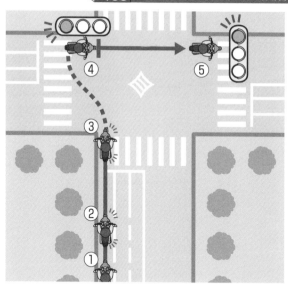

① あらかじめできるだけ道路の<u>左</u>端に寄る。

② 交差点の 30 メートル手前で<u>右</u>折の合図をする。

③ 青信号で徐行しながら交差点の<u>向こう</u>側まで進む。

④ この地点で止まって右に向きを変え、<u>合図</u>をやめる。

⑤ 前方の信号が<u>青</u>になってから進行する。

ポイント 154　●二段階右折しなければならない交差点

① 交通整理が行われていて、車両通行帯が<u>3</u>つ以上ある道路の交差点。

②「一般原動機付自転車の右折方法（二段階）」の標識がある道路の交差点。

ポイント 155　●二段階右折してはいけない交差点

① 交通整理が行われていない道路の交差点。

② 交通整理が行われていて、車両通行帯が<u>2</u>つ以下の道路の交差点。

③「一般原動機付自転車の右折方法（小回り）」の標識がある道路の交差点。

ポイント 156　「内輪差」とは

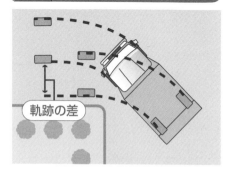

軌跡の差

曲がるとき、<u>後輪</u>が<u>前輪</u>より内側を通ることによる前後輪の軌跡の差をいい、大型車になるほど内輪差は<u>大きく</u>なる。左折時は、左側の二輪車に注意が必要。

ポイント 157　直進・左折車が優先

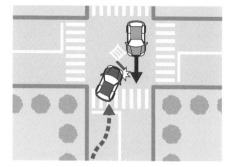

右折しようとして先に交差点に入っていても、<u>直進</u>や<u>左折</u>する車や路面電車があるときは、その進行を妨げてはならない。

学科試験頻出
重要ルール

交差点の通行方法

51

5 信号がない交差点の優先関係

ポイント 158 交差道路が優先道路のとき

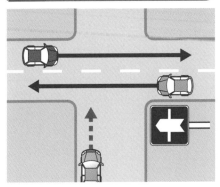

徐行するとともに、優先道路（交差する道路より優先する道路）を通行する車や路面電車の進行を妨げてはいけない。

ポイント 159 交差道路の幅が広いとき

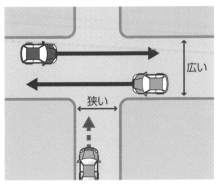

広い

狭い

徐行するとともに、道幅が広い道路を通行する車や路面電車の進行を妨げてはいけない。

ポイント 160 幅が同じような道路の交差点のとき

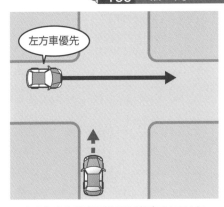

左方車優先

左方から来る車の進行を妨げてはいけない。

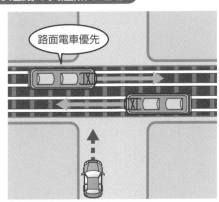

路面電車優先

右方左方に関係なく、路面電車の進行を妨げてはいけない。

試験にはこう出る！

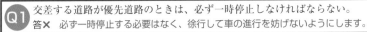

Q1 交差する道路が優先道路のときは、必ず一時停止しなければならない。
答✕　必ず一時停止する必要はなく、徐行して車の進行を妨げないようにします。

Q2 道幅が同じ信号がない交差点を通行する車は、左方から来る車の進行を妨げてはならない。
答〇　徐行して、左方から来る車の進行を妨げないようにします。

最重要暗記ポイント ▶ ◀ ポイント 162
◀ ポイント 163

6 進路変更・横断・転回の制限

◀ ポイント 161　進路変更の禁止

車は、みだりに進路変更してはいけない。

後続車
なし！

やむを得ず進路変更するときは、バックミラーなどを活用して、十分安全を確かめてから行う。

◀ ポイント 162　黄色の線が引かれている車両通行帯

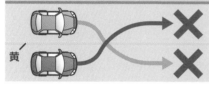

黄

車は、黄色の線を越えて進路を変更してはいけない。

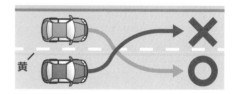

黄

自分の通行帯に白の区画線があるときは進路変更できる（反対側からは進路変更できない）。

◀ ポイント 163　横断・転回の禁止

施設

他の車の進行を妨げるおそれがあるとき。

施設

「転回禁止」や「車両横断禁止」の標識や標示がある場所。これらの標識・標示があっても、後退は禁止されていない。

試験にはこう出る！

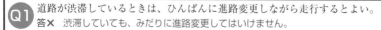

Q1 道路が渋滞しているときは、ひんぱんに進路変更しながら走行するとよい。
答✕　渋滞していても、みだりに進路変更してはいけません。

Q2 転回禁止場所でなくても、他の車の進行を妨げるときは転回してはいけない。
答〇　他の車の進行を妨げるおそれがあるときは、転回禁止です。

7 駐車と停車の意味

ポイント 164　「駐車」になる行為

故障などの車の継続的な停止。

人待ち、荷物待ちによる停止。

5分を超える荷物の積みおろしのための停止。

ポイント 165　「停車」になる行為

すぐに運転できる状態での短時間の停止。

人の乗り降りのための停止。

5分以内の荷物の積みおろしのための停止。

試験にはこう出る！

　5分以内の荷物の積みおろしのための車の停止は、停車と見なされる。
答〇　5分以内の荷物の積みおろしは、駐車ではなく停車になります。

　一般原動機付自転車が故障したので、駐車禁止場所に車を止めた。
答✕　故障は継続的な停止で駐車になり、駐車禁止場所に止めてはいけません。

最重要暗記ポイント ▶

ポイント
166

ポイント
168

8 駐車が禁止されている場所

駐車が禁止されている6つの場所

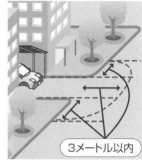

ポイント166 「駐車禁止」の標識や標示がある場所。

ポイント167 火災報知機から1メートル以内の場所。

ポイント168 駐車場、車庫などの自動車用の出入口から3メートル以内の場所。

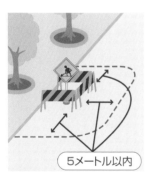

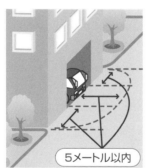

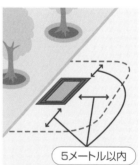

ポイント169 道路工事の区域の端から5メートル以内の場所。

ポイント170 消防用機械器具の置場、消防用防火水槽、これらの道路に接する出入口から5メートル以内の場所。

ポイント171 消火栓、指定消防水利の標識が設けられている位置や、消防用防火水槽の取入口から5メートル以内の場所。

＊上記の場所でも、「警察官の許可を受けたとき」は駐車することができる。

試験にはこう出る！

Q1	自宅の前であれば、車庫の出入口から3メートル以内に駐車してもよい。
	答✕　自宅の車庫の前であっても、3メートル以内には駐車してはいけません。

Q2	火災報知機から3メートル以内は、駐車禁止場所である。
	答✕　駐車が禁止されているのは、火災報知機から1メートル以内の場所です。

学科試験頻出重要ルール

駐車と停車の意味／駐車が禁止されている場所

9 駐停車が禁止されている場所

駐停車が禁止されている10の場所

路面電車

黄

ポイント **172** 「駐停車禁止」の標識や標示がある場所。

ポイント **173** 軌道敷内。

ポイント **174** 坂の頂上付近や、こう配の急な坂（上りも下りも）。

ポイント **175** トンネル内（車両通行帯の有無に関係なく）。

試験にはこう出る！

Q1 こう配の急な坂は、上りも下りも駐停車が禁止されている。
答○ こう配の急な坂は、上りも下りも駐停車禁止です。

Q2 踏切の手前10メートル以内は駐停車禁止だが、向こう側であれば駐停車してもよい。
答✕ 踏切の向こう側も、10メートル以内の場所は駐停車禁止です。

56　＊上記の場所でも、「赤信号など法令に従う場合」「警察官の命令に従う場合」「危険防止のため」であれば、一時停止することができる。

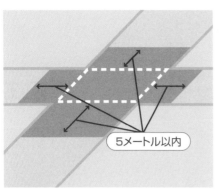

5メートル以内

ポイント
176
交差点と、その端から5メートル
以内の場所。

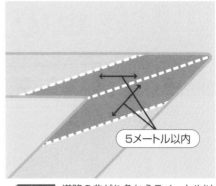

5メートル以内

ポイント
177
道路の曲がり角から5メートル以
内の場所。

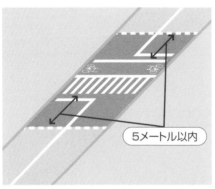

5メートル以内

ポイント
178
横断歩道や自転車横断帯と、その
端から前後5メートル以内の場所。

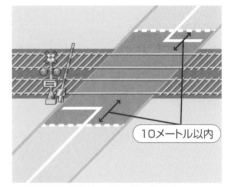

10メートル以内

ポイント
179
踏切と、その端から前後10メー
トル以内の場所。

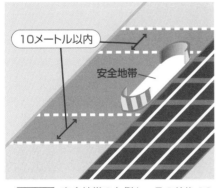

10メートル以内

安全地帯

ポイント
180
安全地帯の左側と、その前後10
メートル以内の場所。

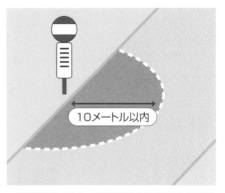

10メートル以内

ポイント
181
バス、路面電車の停留所の標示板
（柱）から10メートル以内の場
所（運行時間中に限る）。

57

10 駐停車の方法

最重要暗記ポイント ▶ ポイント 185 ポイント 187

◀ ポイント 182 ▶ 歩道や路側帯がない道路では

道路の左端

道路の左端に沿って止める。

◀ ポイント 183 ▶ 歩道がある道路では

歩道

車道の左端

車道の左端に沿って止める。

◀ ポイント 184 ▶ 路側帯がある道路では

車道の左端

0.75メートル以下

0.75 メートル以下の場合は、中に入らず、車道の左端に沿って止める。

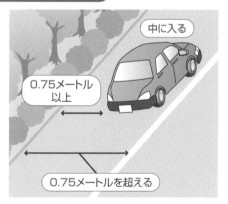

中に入る

0.75メートル以上

0.75メートルを超える

0.75 メートルを超える場合は、中に入り、左側に 0.75 メートル以上の余地をあけて止める。

試験にはこう出る！

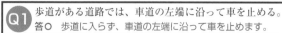

Q1 歩道がある道路では、車道の左端に沿って車を止める。
答○ 歩道に入らず、車道の左端に沿って車を止めます。

Q2 2本の実線で示された路側帯は、幅が広くても中に入って車を止めてはいけない。
答○ 歩行者用路側帯を表し、中に入っての駐停車は禁止です。

破線と実線は「駐停車禁止路側帯」を表し、中に入らず、車道の左端に沿って止める。

実線2本は「歩行者用路側帯」を表し、中に入らず、車道の左端に沿って止める。

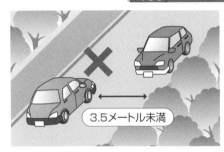 

車の右側の道路上に 3.5 メートル以上の余地がない場所には、駐車してはいけない。

標識により余地が指定されている場所では、車の右側の道路上にその長さ以上の余地をあける。

荷物の積みおろしを行う場合で、運転者がすぐに運転できるとき。

傷病者の救護のためやむを得ないとき。

ポイント
188

＊二重駐停車は禁止…道路に平行して駐停車している車と並んで駐停車してはいけない。
＊車から離れるとき…エンジンを止めてハンドブレーキをかけるなどの「危険防止のための措置」と、エンジンキーを携帯しドアをロックするなどの「盗難防止のための措置」をとる。

学科試験頻出
重要ルール　駐停車の方法

最重要暗記ポイント

1 高速道路の通行

「高速道路」「本線車道」とは

ポイント189 高速道路…高速自動車国道と自動車専用道路のことをいい、その入口には「自動車専用」の標識（右図）がある。

ポイント190 本線車道…高速道路で通常、高速走行する部分をいい、加速車線、減速車線、登坂車線、路側帯、路肩は含まれない。

ポイント191 高速道路を通行できない車

車の種類 高速道路 の種類	ミニカー	* 小型二輪車	原動機付自転車	小型特殊自動車	故障車をけん引している車（けん引自動車を除く）
高速自動車国道	×	×	×	×	×
自動車専用道路	×	×	×	○	○

＊小型二輪車とは、総排気量 125cc 以下、定格出力 1.0 キロワット以下の原動機を有する普通自動二輪車。

ポイント192 高速自動車国道の本線車道での法定速度

法定最高速度	車の種類	法定最低速度
時速 **100** キロメートル	●大型・中型乗用自動車 ●中型貨物自動車（特定中型貨物を除く） ●準中型自動車 ●普通自動車（三輪、けん引自動車を除く） ●大型・普通自動二輪車	時速 **50** キロメートル
時速 **80** キロメートル	●大型貨物自動車 ●特定中型貨物自動車 ●大型特殊自動車 ●三輪の普通自動車 ●けん引自動車（トレーラー）	

＊本線車道が往復の方向別に分離されていない区間や、自動車専用道路の法定最高速度は、一般道路と同じ。

試験にはこう出る！

Q1 高速自動車国道の本線車道での法定最低速度は、時速 50 キロメートルである。
答○ 高速自動車国道での法定最低速度は、時速 50 キロメートルです。

Q2 高速道路では、大型自動二輪車や普通自動二輪車での二人乗りが禁止されている。
答× 20 歳以上で運転経験 3 年以上であれば、二人乗りできます。

ポイント 193　高速道路で禁止されていること

駐停車（危険防止や故障などでやむを得ない場合を除く）。

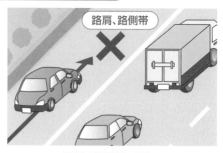

路肩や路側帯の通行。

本線車道での転回や後退、中央分離帯を横切る行為。

緊急自動車の合流や離脱の妨害。

ポイント 194　故障や燃料切れなどで、やむを得ず駐停車するとき

十分な幅がある路肩や路側帯に駐停車し、車内に残らず、安全な場所に避難する。

昼間は、自動車の後方の道路上に停止表示器材を置く。

夜間は、停止表示器材とあわせて非常点滅表示灯などをつける。

ポイント 195　●自動二輪車の二人乗りが禁止されているとき

＊「大型自動二輪車及び普通自動二輪車二人乗り通行禁止」の標識（右図）があるとき。

＊年齢が 20 歳未満、または大型二輪免許や普通二輪免許を受けていた期間が 3 年未満の人。

危険な場所・場合での運転

高速道路の通行

2 踏切の通行方法

ポイント 196 **安全確認と通過方法**

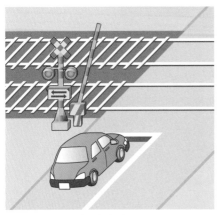

①踏切の直前（停止線があるときはその直前）で一時停止する。

②自分の目と耳で左右の安全を確認する。

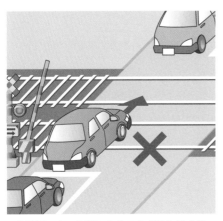

③踏切の向こう側に自分の車が入れる余地があるかどうかを確認する。

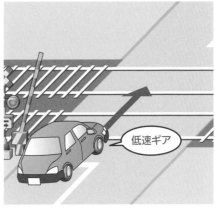

低速ギア

④エンストを防止するため、変速しないで、発進したときの低速ギアのまま一気に通過する。

試験にはこう出る！

Q1 前車に続いて踏切を通過するときは、必ずしも一時停止しなくてよい。
答✕ 踏切では、一時停止して安全確認しなければなりません。

Q2 踏切を通過するときは、低速ギアのまま一気に通過する。
答〇 エンストを防止するため、低速ギアのまま一気に通過します。

踏切を通過するときの注意点

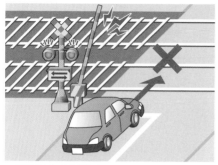

ポイント 197
遮断機が下り始めているときや警報機が鳴っているときは、踏切に入ってはいけない。

ポイント 198
踏切に信号機がある場合は、その信号に従う。青信号のときは、一時停止する必要はなく、安全を確かめて通過できる。

やや中央寄り

ポイント 199
踏切を通過するときは、落輪しないようにやや中央寄りを通る。

歩行者、対向車に注意

ポイント 200
踏切内は、歩行者や対向車に注意して通過する。

ポイント 201 踏切内で車が動かなくなったとき

踏切支障報知装置などで列車の運転士に知らせる。装置がない踏切では、発炎筒などで合図する。

マニュアル車（クラッチスタートシステム装着車を除く）では、ギアをローかセカンドに入れ、セルモーターを回して踏切外へ移動する。

危険な場所・場合での運転　踏切の通行方法

本免 仮免

危険な場所・場合での運転

最重要暗記ポイント

ポイント
204

ポイント
205

3 坂道・カーブの運転方法と行き違い

ポイント
202　カーブを通行するとき

カーブの手前の直線部分で、あらかじめ十分速度を落とす。

カーブを曲がるときは、中央線をはみ出さないとともに、対向車の接近に注意する。

カーブの途中では、タイヤに動力を伝えたままアクセルで速度を調節する。

カーブの後半では、前方の安全を確かめてから徐々に加速する。

試験にはこう出る！

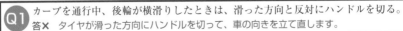

Q1 カーブを通行中、後輪が横滑りしたときは、滑った方向と反対にハンドルを切る。
答✕　タイヤが滑った方向にハンドルを切って、車の向きを立て直します。

Q2 進路の前方に障害物があるときは、一時停止などをして対向車に道を譲る。
答〇　一時停止か減速などをして、対向車に進路を譲ります。

ポイント 203　坂道を通行するとき

上り坂で前車に続いて停止するときは、前車が後退するおそれがあるので、<u>車間距離を十分あける</u>。

エンジンブレーキ

長い下り坂では、おもに<u>エンジンブレーキ</u>を使い、前後輪ブレーキは補助的に使う。

ポイント 204　対向車と行き違うとき

自車の前方に障害物があるときは、あらかじめ<u>一時停止か減速</u>をして対向車に道を譲る。

路肩に寄りすぎない

片側に危険な<u>がけ</u>があるときは、がけ側の車が安全な場所で一時停止して対向車に道を譲る。

ポイント 205　狭い坂道で行き違うとき

下り

上り

下りの車が、発進の難しい<u>上り</u>の車に道を譲る（一時停止など）。

待避所

近くに待避所があるときは、待避所がある側の車がそこに入って道を譲る。

危険な場所・場合での運転

坂道・カーブの運転方法と行き違い

65

4 夜間の運転方法

ポイント206 ライトをつけなければならない場合

＊夜間（日没から日の出まで）、運転するとき。

＊昼間でも、トンネルの中や霧などで50メートル（高速道路では200メートル）先が見えない場所を通行するとき。

ポイント207 ライトを切り替える場合

対向車と行き違うときや、他の車の直後を走行するときは、前照灯を減光するか、下向きに切り替える。

見通しが悪い交差点やカーブを通過するときは、前照灯を上向きにするか点滅させて、自車の接近を知らせる。

ポイント208 夜間、一般道路に駐停車するとき

●灯火類をつけなくてもよい場合

非常点滅表示灯、駐車灯または尾灯をつける。

道路照明などにより、50メートル後方から見える場所での駐停車。

停止表示器材を置いての駐停車。

ポイント209 ＊対向車のライトがまぶしいとき…視点をやや左前方に移して、目がくらまないようにする。

試験にはこう出る！

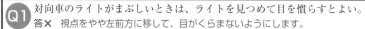

Q1 対向車のライトがまぶしいときは、ライトを見つめて目を慣らすとよい。
答✕ 視点をやや左前方に移して、目がくらまないようにします。

Q2 対向車と行き違うときは、自車の存在を知らせるため、ライトを上向きにする。
答✕ 相手がまぶしくなって危険なので、ライトは減光するか下向きに切り替えます。

本免

危険な場所・場合での運転

最重要暗記ポイント

ポイント
211

ポイント
212

5 悪天候時の運転方法

ポイント
210　雨の日に運転するとき

速度を落とす

車間距離をあける

急ブレーキ

路面が雨に濡れて滑りやすくなるので、晴れの日よりも速度を落とし、車間距離を長くとって走行する。

急ハンドルや急ブレーキを避け、ブレーキは数回に分けて使用する。

ポイント
211　霧の中を運転するとき

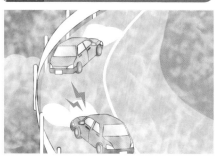

前照灯を下向きにつけて、中央線や前車の尾灯を目安に走行する。必要に応じて警音器を使用する。

ポイント
212　雪道を走行するとき

タイヤの跡

チェーンやスタッドレスタイヤを装着し、車が通ったタイヤの跡（わだち）を走行する。

ポイント
213　●悪路を走行するとき

＊歩行者に泥や水をはねないように速度を落とし、深い水たまりは避けて通る。
＊地盤がゆるんで崩れることがあるので、路肩に寄りすぎないように走行する。

試験にはこう出る！

Q1	雨の日に歩行者のそばを通るときは、泥や水をはねないように注意する。
	答○　歩行者に泥や水をはねないように、速度を落として走行します。
Q2	霧の中を走るときは、前照灯を上向きにして走行するとよい。
	答✕　前照灯を上向きにすると、かえって乱反射して見えにくくなります。

ポイント
214
ポイント
217

6 緊急事態のときの運転

ポイント 214 エンジンの回転数が下がらない

ギアを<u>ニュートラル</u>にし、ブレーキをかけて速度を落とす。ゆるやかにハンドルを切って道路の<u>左端</u>に車を止め、エンジンスイッチを切る。

ポイント 215 下り坂でブレーキが効かない

手早く<u>減速チェンジ</u>をして、<u>ハンドブレーキ</u>をかける。それでも停止しない場合は、道路わきの<u>土砂に突っ込む</u>などして車を止める。

ポイント 216 対向車と正面衝突しそう

<u>警音器を鳴らして</u>ブレーキをかけ、できるだけ<u>左側</u>に避ける。道路外が安全な場所であれば、<u>道路外に出て</u>衝突を避ける。

ポイント 217 走行中にパンクした

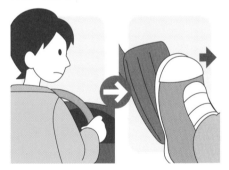

<u>ハンドル</u>をしっかり握り、車体を<u>まっすぐ</u>に保つ。<u>アクセルを戻して</u>速度を落とし、<u>断続ブレーキ</u>をかけて道路の<u>左端</u>に止める。

試験にはこう出る！

Q1 走行中にブレーキが効かなくなったときは、車を衝突させて止めるしか方法はない。
答✕　すばやく減速チェンジをし、ハンドブレーキをかけて速度を落とします。

Q2 正面衝突の危険が生じたときでも、警音器を鳴らしてはならない。
答✕　警音器を鳴らし、できるだけ左側に避けて危険を回避します。

7 交通事故のときの処置

最重要暗記ポイント ▷ ポイント 218 / ポイント 219

ポイント218 交通事故を起こしたとき

①続発事故の防止

他の交通の妨げにならないような場所に車を移動し、エンジンを止める。

②負傷者の救護

負傷者がいる場合は、ただちに救急車を呼ぶ。救急車が到着するまでの間、可能な応急救護処置を行う。

③警察官への事故報告

事故が発生した場所や状況などを警察官に報告する。

ポイント219 頭部に強い衝撃があったとき

外傷がなくても、後遺症が出るおそれがあるので、医師の診断を受ける。

ポイント220 事故現場での注意点

ガソリンが流れ出ていることがあるので、たばこなどは吸わない。

試験にはこう出る！

 交通事故を起こしたら、まず第一に身内の人に連絡をする。
答✕　車を安全な場所に移動し、負傷者を救護して、警察官に報告します。

Q2 交通事故を起こして負傷者がいる場合でも、応急手当を行ってはならない。
答✕　ハンカチで止血するなど、可能な限りの応急救護処置を行います。

危険な場所・場合での運転　緊急事態のときの運転／交通事故のときの処置

最重要暗記ポイント ▶ ポイント 223 / ポイント 224

8 大地震のときの運転

大地震が発生したとき

ポイント 221
①急ブレーキを避け、できるだけ安全な方法で道路の左側に車を止める。

ポイント 222
②ラジオなどで地震情報や交通情報を聞き、その情報に応じて行動する。

ポイント 223
③車を置いて避難するときは、できるだけ道路外の安全な場所に車を移動する。

ポイント 224
④やむを得ず道路上に車を置いて避難するときは、エンジンを止め、エンジンキーは付けたままとするか運転席などに置いておき、ドアをロックしない。

ポイント 225
＊警察官が交通規制を行っているとき…警察官の指示に従って行動する。
＊避難するときの心得…混乱するので、津波から避難するためやむを得ない場合を除き、避難のために車を使用してはいけない。

試験にはこう出る！

Q1 運転中に大地震が起きたら、まず安全な方法で停止することを考える。
答〇　急ブレーキを避け、できるだけ安全な方法で車を止めます。

Q2 大地震が発生した場合は、車を使用してなるべく早く避難する。
答✕　大地震のときは、避難のために車を使用してはいけません。

9 危険を予測した運転

●顕在危険
けんざい

このまま進行すると衝突するような、運転者に明らかに見える危険。

●潜在危険
せんざい

これから起こりうる危険なので、運転者の目線からは見えない危険。

●運転は「認知→判断→操作」の繰り返し

①認知…危険を早く発見する。つねに周囲の状況をよく見ながら運転する。

②判断…頭の中で、どう行動に移すか考える。たとえば、速度を落とすべきか、ハンドルで避けるべきかなどを判断する。

③操作…手足を動かし、実際に行動する。前後輪ブレーキをかけたり、ハンドルを切ったりして衝突などを回避する。

交差点を左折しようとしています。どんな危険があるか予測してみよう。〈答えは次ページ〉

ここをチェックして危険を予測する

こんな危険が潜んでいる

●前の車に追突するかもしれない

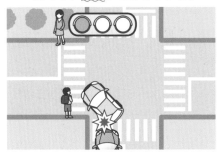

●歩行者が横断するかもしれない

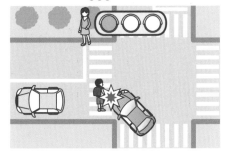

●対向車が先に右折するかもしれない

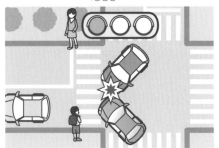

●後続車に追突されるかもしれない

仮免許・本免許 模擬テスト

間違えたら
ルールに戻って
再チェック！

それぞれの問題について、正しいものには「○」、誤っているものには「×」で答えなさい。配点はすべて各1点。

制限時間	合格点
30分	45点以上

問題	正解・解説

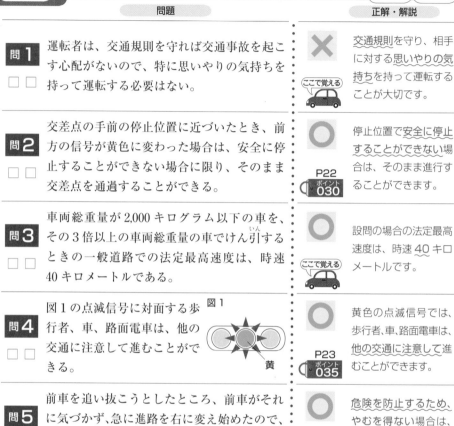

問1 運転者は、交通規則を守れば交通事故を起こす心配がないので、特に思いやりの気持ちを持って運転する必要はない。

× ここで覚える
交通規則を守り、相手に対する思いやりの気持ちを持って運転することが大切です。

問2 交差点の手前の停止位置に近づいたとき、前方の信号が黄色に変わった場合は、安全に停止することができない場合に限り、そのまま交差点を通過することができる。

○ P22 ポイント030
停止位置で安全に停止することができない場合は、そのまま進行することができます。

問3 車両総重量が2,000キログラム以下の車を、その3倍以上の車両総重量の車でけん引するときの一般道路での法定最高速度は、時速40キロメートルである。

○ ここで覚える
設問の場合の法定最高速度は、時速40キロメートルです。

問4 図1の点滅信号に対面する歩行者、車、路面電車は、他の交通に注意して進むことができる。

図1　黄

○ P23 ポイント035
黄色の点滅信号では、歩行者、車、路面電車は、他の交通に注意して進むことができます。

問5 前車を追い抜こうとしたところ、前車がそれに気づかず、急に進路を右に変え始めたので、危険を防止するため、やむを得ず警音器を鳴らした。

○ P42 ポイント124
危険を防止するため、やむを得ない場合は、警音器を鳴らすことができます。

問6 横断歩道や自転車横断帯とその手前から30メートル以内の場所では、ほかの車（軽車両を除く）を追い越すことは禁止されているが、追い抜くことは禁止されていない。

× P35 ポイント089
設問の場所では、追い越しはもちろん、追い抜きも禁止されています。

問7 信号がない交差点を直進しようとしたところ、歩行者が横断歩道を渡り始めたのを認めたが、自分の運転する車を見て立ち止まったので、一時停止せずに徐行して通過した。

× P35 ポイント087
歩行者が横断歩道を渡っているときは、一時停止して道を譲らなければなりません。

正解・解説部分に 赤シート を当てながら解いていこう。間違えたら ポイント を再チェック!

問8 オートマチック車で、発進のためチェンジレバーを操作するときは、アクセルペダルから足を離していれば、ハンドブレーキをかけたり、ブレーキペダルを踏んでおく必要はない。

 ✕ P43 ポイント126

チェンジレバーを操作するときは、ブレーキペダルを踏んだ状態にします。

問9 図2の標識は、高さが地上から3.3メートルを超える車（積載した荷物の高さを含む）の通行禁止を示している。

図2

○ ここで覚える

「高さ制限3.3メートル」を表し、地上から3.3メートルを超える車は通行できません。

問10 「停止禁止部分」の標示がある消防署の前には、車を停止することはできないが、消防署以外のところであれば、停止禁止部分の標示内に入って停止してもよい。

✕ ここで覚える

消防署以外のところでも、「停止禁止部分」の標示内に停止してはいけません。

問11 普通自動車が路線バス等優先通行帯を通行しようとする場合に、交通が混雑していてそこから出られなくなるおそれがあるときは、はじめからその通行帯を通行してはならない。

○ ここで覚える

路線バス等の進行の妨げになるおそれがあるので、優先通行帯を通行してはいけません。

問12 「酒は百薬の長」といわれているので、飲んだ酒の量が少なければ車を運転してもよい。

✕ P16 ポイント004

たとえ少量でも酒を飲んだときは、車を運転してはいけません。

問13 助手席にエアバッグを備えている自動車の助手席に、やむを得ず幼児を同乗させるときは、座席をできるだけ前に出し、チャイルドシートを使用させることが大切である。

✕ ここで覚える

チャイルドシートは、座席をできるだけ後ろまで下げ、前向きに固定して使用します。

問14 図3の標識は、この先の道路が合流交通になっていることを示している。

図3

黄

○ ここで覚える

「合流交通あり」を表し、この先の道路が合流交通になっていることを示します。

問15 □ □	追い越しのため右に進路を変えるときは、前方の安全確認をするとともに、バックミラーなどで後方の安全確認をする必要がある。	◯ ここで覚える	前方・後方の安全を確かめ、方向指示器などで合図をし、もう一度安全を確かめます。
問16 □ □	同一方向に2つの車両通行帯がある道路では、速度の速い車が右側、遅い車が左側の車両通行帯を通行しなければならない。	✕ P30 ポイント 075	速度に関係なく、原則として左側の車両通行帯を通行しなければなりません。
問17 □ □	同一方向に進行しながら左方に進路を変えるときの合図の時期は、その行為をする約3秒前である。	◯ P41 ポイント 117	進路変更するときの合図は、進路を変えようとする約3秒前に行います。
問18 □ □	交差点で右折しようとする場合に、その交差点で直進または左折する車や路面電車があるときは、その進行を妨げてはならない。	◯ P51 ポイント 157	交差点を右折するときは、直進車や右折車、路面電車の進行を妨げてはいけません。
問19 □ □	図4は、「一方通行」の標識である。 図4	✕ ここで覚える	「指定方向外進行禁止（右折、左折禁止）」を表し、矢印の方向以外へは進行できません。
問20 □ □	前車に続いて発進するときは、前車が急に止まっても追突しないような安全な車間距離をとる。	◯ ここで覚える	前車が急に止まっても追突しないような車間距離をとって追従します。
問21 □ □	普通免許を受けている者は、普通自動車のほかに、小型特殊自動車と一般原動機付自転車を運転することができる。	◯ P17 ポイント 006	普通免許では、普通自動車、小型特殊自動車、一般原動機付自転車を運転できます。
問22 □ □	普通自動車を運転中、通行している通行帯の交通量が多く混雑していたので、路線バス等の専用通行帯を通行した。	✕ P38 ポイント 102	普通自動車は、原則として路線バス等の専用通行帯を通行してはいけません。
問23 □ □	一方通行の道路から右折する自動車は、道路の右端に寄り、交差点の中心の内側を徐行しながら通行しなければならない。	◯ P50 ポイント 151	あらかじめ道路の右端に寄り、交差点の中心の内側を徐行しながら通行します。

問	問題	解答	解説
問24 □ □	図5の標識は、車が停車できることを表している。 **図5** 停	○ ここで覚える	「停車可」を表し、車はその場所に停車することができます。
問25 □ □	交差点を右左折する場合の内輪差は、車が大きくなれば大きくなるので、注意して運転しなければならない。	○ P51 ポイント 156	車体が大きくなれば車軸の距離も大きくなるので、内輪差も大きくなります。
問26 □ □	交差点の手前に表示されている停止線は、車の停止位置の目安であるから、特に停止線にこだわって停止する必要はない。	× ここで覚える	停止する場合の停止位置になるので、停止線を意識して運転し、その直前で停止します。
問27 □ □	踏切の向こう側が混雑しているため、そのまま進むと踏切内で動きがとれなくなるおそれがあるときは、踏切に入ってはならない。	○ P33 ポイント 083	渋滞などで踏切内で動きがとれなくなるおそれがあるときは、踏切に入ってはいけません。
問28 □ □	見通しがよい道路の曲がり角付近では、徐行する義務はない。	× P40 ポイント 114	見通しに関係なく、道路の曲がり角付近では徐行しなければなりません。
問29 □ □	図6の標識は、この先に上り坂や下り坂があることを示している。 **図6** 黄	× ここで覚える	「路面凹凸あり」を表し、この先の路面に凹凸があることを示しています。
問30 □ □	車のシートベルトは、運転者自身が着用しなければならないが、後部座席の同乗者には着用させる必要はない。	× P25 ポイント 050	運転者自身はもちろん、助手席や後部座席の同乗者にも着用させなければなりません。
問31 □ □	黄色の線で区画されている車両通行帯でも、後続車がない場合は、その線を越えて進路を変えてもよい。	× P53 ポイント 162	黄色の線は進路変更禁止を表し、原則としてその線を越えて進路変更してはいけません。
問32 □ □	走行している車や路面電車に外からつかまることは、危険なのでしてはならない。	○ ここで覚える	走行している車や路面電車に外からつかまることは、危険なので禁止されています。

問33 ☐ ☐	図7の標識がある場所は、二輪の自動車以外の自動車は通行できない。 図7	○ ここで覚える	「二輪の自動車以外の自動車通行止め」を表し、自動車は二輪だけしか通行できません。
問34 ☐ ☐	車両通行帯がないトンネルでは、追い越しのため、進路を変えたり、前車の側方を通過したりしてはならない。	○ P49 ポイント146	車両通行帯がないトンネルでは、追い越しが禁止されています。
問35 ☐ ☐	交差点付近で緊急自動車が近づいてきたので、交差点の左側に寄り、徐行して進路を譲った。	✕ P37 ポイント098	交差点を避け、道路の左側に寄り、一時停止して進路を譲らなければなりません。
問36 ☐ ☐	追い越しが終わったら、できるだけ早く追い越した車の前に進路を変えたほうがよい。	✕ ここで覚える	追い越した車との車間距離を十分にあけてから、進路を元に戻します。
問37 ☐ ☐	最大積載量3,000キログラムの貨物自動車は、普通免許で運転することができる。	✕ P17·18 ポイント006·010	普通免許で運転できる最大積載量は、2,000キログラム未満です。
問38 ☐ ☐	図8の標示は、最高速度時速50キロメートルの規制の「終わり」を表す。 図8	○ ここで覚える	白色の標示は規制の「終わり」を表します。この標示を越えれば、規制の対象外です。
問39 ☐ ☐	長い踏切では、高速ギアに変速チェンジし、できるだけ早く通過するべきである。 黄	✕ P62 ポイント196	エンスト防止のため、発進したときの低速ギアのまま一気に通過します。
問40 ☐ ☐	通園バスが停止して園児が乗り降りしている場合、その側方を通って前方に出ようとするときは、徐行しなければならない。	○ P36 ポイント091	園児などの急な飛び出しに備え、徐行して安全を確かめる必要があります。
問41 ☐ ☐	横断歩道に近づいたとき、横断する人がいるかどうか明らかではなかったが、安全と判断して、そのままの速度で通過した。	✕ P35 ポイント087	横断者の有無が明らかでない場合は、停止できるように速度を落とさなければなりません。

問42 追い越しが禁止されている場所であっても、前方の安全さえ確認できれば、追い越しをしてもかまわない。
□ □

✕ ここで覚える
追い越し禁止場所では、たとえ安全が確認できても追い越しをしてはいけません。

問43 図9の標識は、車はもちろん、路面電車や歩行者など、すべての通行禁止を表している。
□ □

図9 通行止

○ P32 ポイント078
「通行止め」を表し、車、路面電車、遠隔操作型小型車、歩行者のすべてが通行できません。

問44 自動車が道路に面した場所に出入りするため、歩道や路側帯を横切る場合は、その直前で一時停止するとともに、歩行者の通行を妨げないようにしなければならない。
□ □

○ P32 ポイント079
歩道や路側帯を横切るときは、一時停止して歩行者の通行を妨げてはいけません。

問45 オートマチック車で強力なエンジンブレーキを必要とするときは、チェンジレバーを「L」に入れるのがよい。
□ □

○ P43 ポイント125
チェンジレバーを「L」に入れて、エンジンブレーキを十分に活用します。

問46 運転者が運転席に座った状態で車の外を見た場合、視界が車体などで妨げられて見えない部分ができるが、この部分を死角という。
□ □

○ ここで覚える
運転者が運転席から見えない部分を「死角」といいます。

問47 図10の補助標識は、上の本標識が表示する交通規制の区間内を示している。
□ □

図10 8-20

○ ここで覚える
矢印は、本標識が表示する（駐車禁止）区間内であることを示す補助標識です。

問48 安全地帯に歩行者がいたので、その横を徐行して通行した。
□ □

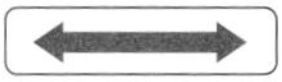

○ P34 ポイント085
歩行者がいる安全地帯のそばを通るときは、徐行しなければなりません。

問49 乗車定員11人のマイクロバスは、普通免許で運転することができる。
□ □

✕ P17·18 ポイント006·010
普通免許では、乗車定員は10人以下の車しか運転することができません。

問50 免許を受けている者が、免許証を携帯しないで自動車を運転すると、道路交通法違反となる。
□ □

○ P17 ポイント007
設問の場合、「免許証不携帯」という道路交通法違反になります。

それぞれの問題について、正しいものには「○」、誤っているものには「×」で答えなさい。配点はすべて各1点。

制限時間	合格点
🕐 30分	✏️ 45点以上

問題	正解・解説

問1 車が他の自動車や一般原動機付自転車を追い越すときは、その左側を通行するのが原則である。

× P46 ポイント135
車が他の車を追い越すときは、原則としてその右側を通行しなければなりません。

問2 前方の信号が青色の灯火のとき、自動車は直進、左折、右折できるが、一般原動機付自転車は直進や左折はできても、右折できない交差点がある。

○ P22 ポイント029
二段階の方法で右折しなければならない交差点では、青色の灯火で右折できません。

問3 オートマチック車で長い下り坂や急な下り坂を通行するときは、チェンジレバーを「D」の位置に入れたまま、フットブレーキで速度を調節しながら走るのが基本である。

× P43 ポイント125
チェンジレバーを「2」または「L」に入れ、エンジンブレーキを十分活用します。

問4 図1の標識は、この先の道路が工事中のため、車は通行できないことを示している。

図1
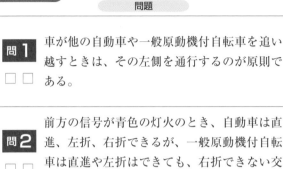
黄

× ここで覚える
「道路工事中」の標識ですが、車の通行禁止を示すものではありません。

問5 普通自動車を運転する70歳以上の運転者は、運転に自信があっても「高齢者マーク」を付けて運転するのがよい。

○ P36 ポイント094
「高齢者マーク」は、70歳以上の人が普通自動車の運転時に付けるものです。

問6 前車が道路外に出るため、道路の左端や中央に寄ろうとして合図をしているときは、危険を避ける場合を除き、その進路変更を妨げてはならない。

○ ここで覚える
前車が合図をしているときは、原則としてその進路変更を妨げてはいけません。

問7 河川が増水して危険な状態だったため、警察官が橋の通行を禁止していたが、標識による通行禁止場所ではなかったので、そのまま橋を渡った。

× ここで覚える
通行禁止の標識がなくても、警察官の指示に従わなければなりません。

問8 ☐ ☐
交通整理が行われていない見通しが悪い交差点であっても、ほかの車がいなければ、徐行しないで通過することができる。

✕
P40
ポイント 113

設問の場所では、<u>徐行</u>するとともに、<u>交差する道路の車の進行を妨げてはいけません</u>。

問9 ☐ ☐
図2のように警察官が灯火を頭上に上げているとき、矢印の方向の交通は、黄色の灯火信号と同じ意味である。

図2

◯
P24
ポイント 040

警察官の身体の正面に平行する交通は、<u>黄色の灯火信号と同じ意味</u>を表します。

問10 ☐ ☐
列車の通過直後の踏切は、反対方向から列車が近づいてくることがあるので、十分注意しなければならない。

◯
ここで覚える

列車が通過した直後は、反対方向から<u>列車が通過することがある</u>ので、十分注意が必要です。

問11 ☐ ☐
路線バス等優先通行帯を普通自動車で走行中、通園バスが後方から接近してきたが、優先車ではないと判断し、進路を譲ることなくそのまま進行した。

✕
P38
ポイント 103

通園バスは「<u>路線バス等</u>」に含まれるので、<u>他の通行帯に移り、進路を譲ります</u>。

問12 ☐ ☐
交差点を右折するときは、あらかじめできるだけ道路の中央に寄り、交差点の中心のすぐ内側を徐行し、対向車線を走行する車などに注意しなければならない（一方通行路を除く）。

◯
P50
ポイント 151

右折するときは、対向車線を走行する車などの動向に注意して、設問のように通行します。

問13 ☐ ☐
自動車を運転中、前方の横断歩道を横断しようとしている歩行者がいたので一時停止したが、急いでいたので、警音器を鳴らして注意をうながし、歩行者より先に通過した。

✕
P35
ポイント 087

警音器は鳴らさずに、一時停止したまま、<u>歩行者の横断を妨げてはいけません</u>。

問14 ☐ ☐
図3の標識は、路線バス等の専用通行帯を示している。

図3

✕
P38
ポイント 103

図3は「<u>路線バス等優先通行帯</u>」です。専用通行帯は、「<u>専用</u>」の文字が表示されます。

問15	横断歩道がない交差点で歩行者が横断しているときは、その通行を妨げてはならない。	◯ ここで覚える	速度を落としたり、徐行するなどして、歩行者の通行を妨げてはいけません。
問16	四輪車が左折するときは、前輪と後輪が同じところを通るので、内輪差によって生じる事故に注意する必要はない。	✕ P51 ポイント156	車が曲がるとき、後輪は前輪よりも内側を通ります。その軌跡の差に注意が必要です。
問17	運転するときの姿勢は、体を斜めにしても、運転しやすければ特に危険はない。	✕ P25 ポイント044	体を斜めにすると正しい運転操作ができません。正しい姿勢で運転しましょう。
問18	図4の標識は、最高速度時速50キロメートルの区間がここから始まることを意味している。 図4 **50**	◯ ここで覚える	「最高速度時速50キロメートルの始まり」を表しています。
問19	普通免許を受けていれば、エンジンの総排気量90ccの自動二輪車を運転することができる。	✕ P17·18 ポイント006·013	設問の二輪車は、大型二輪または普通二輪免許を受けなければ運転できません。
問20	環状交差点に入ろうとするときや環状交差点内を通行するときは、通行している車や入ろうとする車、歩行者などに気を配りながら、できる限り安全な速度と方法で進行する。	◯ P50 ポイント152	状況に応じて、できる限り安全な速度と方法で進行しなければなりません。
問21	6歳以上の子どもを自動車に同乗させる場合は、その子どもにチャイルドシート（幼児用補助装置）を使用させてはならない。	✕ P25 ポイント051	6歳以上の子どもでも、成長に応じたチャイルドシートを使用させたほうが安全です。
問22	一般原動機付自転車が二段階の方法で右折する交差点では、道路の左端に寄って通行しなければならない。	◯ P51 ポイント153	あらかじめ道路の左端に寄り、交差点の向こう側までまっすぐ進みます。
問23	図5の標識は、「安全地帯」であることを表している。 図5	◯ ここで覚える	図5は「安全地帯」の標識です。

問24 近くに交差点がない道路で緊急自動車に進路を譲るときは、必ずしも一時停止しなくても道路の左側に寄ればよい。

○ P37 ポイント099

交差点やその付近以外の場所では、道路の左側に寄って進路を譲ります。

問25 危険が予測されている場所を進行中、危険を避けるためやむを得ない場合は、警音器を鳴らすことができる。

○ P42 ポイント124

危険を避けるためやむを得ない場合は、警音器を鳴らすことができます。

問26 前方の交差点で直進すべきところを誤って左折の合図を出したが、そのまま方向指示器を消さずに直進した。

✕ P41 ポイント121

間違った合図は他の運転者などの迷惑になるので、すみやかに消してから直進します。

問27 横断歩道の直前で停止している車の前方に出るときは、その手前で一時停止して安全を確認しなければならない。

○ P35 ポイント088

車のかげで歩行者の有無が見えないので、必ず一時停止して安全を確認します。

問28 図6の2つの標識がある場所では、同時に後退も禁止されている。

図6

✕ P53 ポイント163

上が「車両横断禁止」、下が「転回禁止」ですが、いずれも後退は禁止されていません。

問29 歩道と車道が区分されているところでは、歩道上に商品などを陳列してもよい。

✕ ここで覚える

道路上に商品などを陳列したり、交通の妨げになるものを置いたりしてはいけません。

問30 運転席に座ったときのシートの前後の位置は、クラッチペダルを踏み込んだとき、ひざがわずかに曲がる状態に合わせる。

○ P25 ポイント046

クラッチペダルを踏み込んだとき、ひざがわずかに曲がる状態に合わせます。

問31 一般道路で自動車を運転するとき、最高速度が標識などで指定されていない場合は、時速60キロメートルを超えてはならない。

○ P39 ポイント106

自動車は、法定最高速度の時速60キロメートルを超えて運転してはいけません。

問32 小型特殊自動車は、原付免許で運転をすることができる。

✕ P17 ポイント006

原付免許で運転できるのは一般原動機付自転車だけで、小型特殊自動車は運転できません。

問33	図7の標識は、この先で道路の幅が狭くなることを表している。	図7 ▲黄	✕ ここで覚える	図7は「車線数減少」を表し、この先で車線数が減少することを示しています。

問34	一方通行の道路で緊急自動車が近づいてきたときは、必ず道路の右側に寄って進路を譲らなければならない。	✕ P37 ポイント 098・099	左側に寄るとかえって緊急自動車の妨げになる場合に限り、道路の右側に寄ります。

問35	狭い道路から広い道路に出ようとするとき、やむを得ずバックで発進する場合は、同乗者に後方の確認を手伝ってもらうとよい。	◯ ここで覚える	十分な視界が確保できないので、同乗者に後方の確認を手伝ってもらうのが安全です。

問36	運転者が疲れているときは、危険を認知して判断するまでに時間がかかるので、空走距離が長くなる。	◯ P39 ポイント 110	疲れているときは、危険を感じてブレーキをかけるまでに走る空走距離が長くなります。

問37	オートマチック車は、エンジン始動直後やエアコン作動時にエンジンの回転数が高くなり、急発進するおそれがある。	◯ ここで覚える	オートマチック車は、設問のような急発進に注意しなければなりません。

問38	図8の標識は、最低速度を表している。	図8 ⊘30	◯ ここで覚える	図8は「最低速度」を表し、時速30キロメートルに満たない速度で運転してはいけません。

問39	他の車に追い越されるとき、相手に追い越しするための十分な余地がない場合は、できるだけ左に寄り、進路を譲らなければならない。	◯ ここで覚える	追い越しに十分な余地がない場合は、できるだけ左に寄って進路を譲ります。

問40	普通免許を受けて1年を経過していない者は、高速道路を通行する場合に限り、車の前後の定められた位置に「初心者マーク」を付ける。	✕ P36 ポイント 093	普通免許の初心運転者は、高速道路に限らず、「初心者マーク」を付けて運転します。

問41	自動車を運転中、危険を避けるため、やむを得ず軌道敷内を通行した。	◯ P33 ポイント 082	軌道敷内は原則として通行禁止ですが、危険防止のためやむを得ない場合は通行できます。

問42 図9の標識がある交差点では、一般原動機付自転車は右折をしてはならない。

図9

❌ P51 ポイント 155
「一般原動機付自転車の右折方法（小回り）」の標識で、二段階右折の禁止を表します。

問43 交通量が少ない交差点で右折または左折をするとき、交差点の直前で合図を行った。

❌ P41 ポイント 117・118
右左折の合図は、交差点から30メートル手前の地点で行わなければいけません。

問44 道路の左側部分の幅が通行のため十分でないときは、右側部分に車の全部、または一部をはみ出して通行することができる。

⭕ P31 ポイント 076
設問の場合は、やむを得ないので、右側部分にはみ出して通行することができます。

問45 交差点で、進行方向の信号が赤色の点滅を表示している場合、車は徐行して通行しなければならない。

❌ P23 ポイント 034
赤色の点滅信号では、停止位置で一時停止し、安全を確認してから進まなければなりません。

問46 運転者は、自動車のドアをロックし、同乗者がドアを不用意に開けたりしないように注意しなければならない。

⭕ ここで覚える
同乗者が不用意にドアの開閉をしないように注意するのは、運転者の責任です。

問47 図10の標示は、車がこの中で停止してはいけないことを示している。

図10

⭕ ここで覚える
「停止禁止部分」を表し、車はこの標示内で停止してはいけません。

問48 中央線が黄色の実線の道路で、追い越しをするため、中央線をはみ出して通行した。

❌ ここで覚える
黄色の実線の中央線は、「追越しのための道路の右側部分はみ出し通行禁止」を意味します。

問49 運転免許証に記載されている条件欄に「眼鏡等」とある場合は、コンタクトレンズの使用も含まれる。

⭕ ここで覚える
免許証の条件欄の「眼鏡等」とは、コンタクトレンズの使用も含まれます。

問50 前方の車が踏切や横断歩道の手前で停止や徐行しているときは、その前に割り込んだり、横切ったりしてはならない。

⭕ ここで覚える
設問のようなときは、その前に割り込んだり、その横を横切ったりしてはいけません。

85

問題	正解・解説

問1 道路上で酒に酔ってふらついたり、立ち話をしたりするなど、交通の妨げとなるようなことはしてはならない。

○ 歩行者であっても、交通の妨げとなるような行為をしてはいけません。
ここで覚える

問2 前方の信号機の信号が赤でも、交通整理中の警察官が右折や左折の指示をしたときは、その指示に従わなければならない。

○ 信号機の信号と警察官の指示が異なるときは、警察官の指示に従わなければなりません。
P24 ポイント041

問3 普通免許で「普通車はオートマチック車に限る」の免許条件が付いていても、運転経験が3年以上となったときは、すべての普通自動車を運転することができる。

× 運転経験にかかわらず、オートマチック車しか運転してはいけません。
ここで覚える

問4 図1の標識がある場所は、自動車はもちろん、一般原動機付自転車や軽車両も通行することができない。

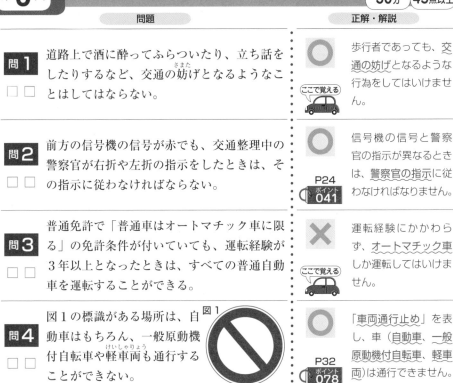
図1

○ 「車両通行止め」を表し、車（自動車、一般原動機付自転車、軽車両）は通行できません。
P32 ポイント078

問5 自動車や一般原動機付自転車は、道路に面した場所に出入りするために歩道や路側帯を横切るとき、歩行者がいないことが明らかな場合は、その直前で一時停止しなくてよい。

× 歩行者の有無にかかわらず、必ず歩道や路側帯の直前で一時停止しなければなりません。
P32 ポイント079

問6 横断歩道に近づいたとき、その付近に歩行者が明らかにいない場合は、減速しないでそのままの速度で進行してもよい。

○ 横断歩道付近に歩行者が明らかにいない場合は、そのまま進行することができます。
P35 ポイント087

問7 ほかの車を追い越すとき、車は原則としてその右側を通行しなければならない。

○ 前車が右折するため、道路の中央に寄って通行している場合を除き、右側を通行します。
P46 ポイント135

正解・解説部分に を当てながら解いていこう。間違えたら ポイント を再チェック！

問8 □ □	大型自動二輪車や普通自動二輪車は、道路標識などにより路線バス等の専用通行帯が指定されている道路でも、路線バス等が通行がしていなければ、その通行帯を通ってもよい。	✕ P38 ポイント102	右左折や工事などでやむを得ない場合を除き、自動二輪車は専用通行帯を通行してはいけません。
問9 □ □	図2の標識は、その他の危険を示す警戒標識である。 図2 黄	○ ここで覚える 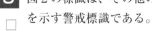	図2は、「その他の危険」があることを示す警戒標識です。
問10 □ □	信号機がある交差点で右折のために停止し、対向の直進する車の切れ目を待っているときは、対向車の切れ目を見逃さずに、すばやく急発進して右折を終わらせなければならない。	✕ P51 ポイント157	あわてて右折するのは危険です。対向車のかげから二輪車が出てくるおそれがあります。
問11 □ □	二輪車で進行中、後方の車が自分の車を追い越そうとしているのに気づいたが、二輪車の機動性を生かして速度を上げ、前車を追い越した。	✕ P47 ポイント141	後ろの車が自分の車を追い越そうとしているときは、追い越しをしてはいけません。
問12 □ □	交差点の信号機の信号が黄色に変わったとき、安全に停止できる状態であっても、黄色の信号は「止まれ」の意味ではないので、注意しながら交差点を通過した。	✕ P22 ポイント030	信号が黄色に変わったとき、安全に停止できる状態のときは、停止位置で停止します。
問13 □ □	図3のような警察官の灯火による信号は、矢印の方向に対して、信号機の黄色の灯火信号と同じ意味を表す。 図3	✕ P24 ポイント039	警察官の身体の正面に対面する交通は、信号機の赤色の灯火信号と同じ意味を表します。
問14 □ □	交通事故を起こした場合、刑事上の責任は車を運転した本人にあるが、民事上の責任はすべて車にかけてある保険の保険会社が負うことになっている。	✕ ここで覚える 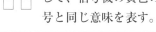	損害賠償などの民事上の責任も、運転者本人が負わなければなりません。

仮免模擬テスト 第3回

87

問15 ☐ ☐	交差点付近の近くに横断歩道がないところで歩行者が横断しているときは、歩行者が優先する。	◯ ここで覚える	近くに横断歩道がなくても、歩行者の通行を妨げてはいけません。
問16 ☐ ☐	交通量の少ない道路で進路変更するときは、合図さえすれば、安全確認までする必要はない。	✕ P53 ポイント 161	交通量にかかわらず、進路変更するときは、安全を確認しなければなりません。
問17 ☐ ☐	歩行者や他の車が接近しているときは、その妨げになるおそれがあるので後退してはならない。	◯ ここで覚える	他の通行の妨げとなるような場合は、後退してはいけません。
問18 ☐ ☐	図4の信号に対面した自動車は、他の交通に注意して矢印の方向に進むことができる。 図4 🟡 黄	✕ P23 ポイント 033	黄色の矢印信号は、路面電車に対する信号です。自動車は進行できません。
問19 ☐ ☐	初心者マークを付けた普通乗用車が前を走行していたが、先を急いでいたので、その車の前に無理して割り込んだ。	✕ P36 ポイント 092	初心者マークを付けている普通自動車に対する割り込みや幅寄せをしてはいけません。
問20 ☐ ☐	安全地帯がない停留所に停止中の路面電車の側方に1.5メートル以上の間隔があれば、乗降客がいても、徐行して進むことができる。	✕ P34 ポイント 086	1.5メートル以上の間隔がとれても、乗降客がいるときは、後方で停止して待ちます。
問21 ☐ ☐	上り坂の頂上付近やこう配の急な下り坂では、自動車や一般原動機付自転車を追い越すことが禁止されている。	◯ P48 ポイント 144・145	上り坂の頂上付近とこう配の急な下り坂は、追い越し禁止場所に指定されています。
問22 ☐ ☐	シートベルトは、交通事故にあった場合の被害を大幅に軽減する効果があるので、後部座席に乗せる人にも着用させなければならない。	◯ P25 ポイント 050	シートベルトは、後部座席に乗せる人にも着用させなければなりません。
問23 ☐ ☐	図5の標識がある場所では、警音器を鳴らさなければならない。 図5	◯ P42 ポイント 122	「警笛鳴らせ」の標識がある場所では、警音器を鳴らさなければなりません。

| 問24 | 標識は本標識と補助標識に分けられ、本標識には、規制・指示・警戒・案内の4種類がある。 | ⭕ P26 ポイント 053〜057 | 本標識には、規制・指示・警戒・案内の4種類があります。 |

問24 標識は本標識と補助標識に分けられ、本標識には、規制・指示・警戒・案内の4種類がある。

⭕ P26 ポイント053〜057

本標識には、規制・指示・警戒・案内の4種類があります。

問25 自動車は、前車が右折などのために右側に進路を変えようとしているときは、前車を追い越してはならない。

⭕ P47 ポイント139

前車が右側に進路を変えようとしているときは、危険なので追い越しをしてはいけません。

問26 第一種普通免許では、修理工場へ回送するタクシーを運転することができない。

❌ P17 ポイント007

タクシーを回送するときは、第一種普通免許で運転することができます。

問27 一方通行路で緊急自動車が近づいてきたときに、道路の左側に寄ると緊急自動車の妨げになる場合は、道路の右側に寄って進路を譲る。

⭕ P37 ポイント098・099

左側に寄るとかえって緊急自動車の妨げとなる場合は、右側に寄って進路を譲ります。

問28 図6の標識は、車が左折することはできないことを表している。

図6

❌ ここで覚える

図6は「指定方向外進行禁止（左折のみ）」の標識で、左折しかできません。

問29 右折または転回するときの合図の時期は、その行為をしようとする地点から30メートル手前に達したときである。

⭕ P41 ポイント118

右折や転回の合図は、その行為をしようとする30メートル手前の地点で行います。

問30 歩行者のそばを通るときは、歩行者との間に安全な間隔をあければ徐行しなくてもよい。

⭕ P34 ポイント084

歩行者との間に安全な間隔をあけ、あけられない場合は、徐行しなければなりません。

問31 白や黄色のつえを持った人が歩いているそばを通る車は、一時停止か徐行をしなければならない。

⭕ P36 ポイント090

一時停止か徐行をして、つえを持った人が安全に通行できるようにします。

問32 仮運転免許は、大型、中型、準中型、普通自動車の第一種運転免許を受けようとする人が、練習などで運転する場合の免許である。

⭕ P17 ポイント005

仮運転免許は、設問の自動車を練習する場合などに必要な免許です。

問33	図7の標示は、駐停車禁止場所であることを表している。	図7黄	○ ここで覚える	図7は「駐停車禁止」を表し、車は駐車や停車をしてはいけません。
問34	オートマチック車でエンジンブレーキを用いるときは、チェンジレバーを2かL（または1）に入れるとよい。	○ P43 ポイント125	チェンジレバーを2かL（または1）に入れて、エンジンブレーキを十分活用します。
問35	左右の見通しがきかない交差点であっても、優先道路を通行しているときは、徐行しないで交差点を通過することができる。	○ P40 ポイント113	優先道路を通行しているときは、必ずしも徐行する必要はありません。
問36	青色の灯火の矢印信号に対面した自動車は、矢印の方向に進むことができる。	○ P23 ポイント032	青色の矢印信号では、自動車は矢印の方向に進めます。
問37	図8の標識は、この先に道幅の広い交差点があることを示している。	図8	× P52 ポイント158	図8は「優先道路」を表し、標識がある側が優先道路であることを示しています。
問38	一般原動機付自転車を運転中、「最高速度時速40キロメートル」の標識があったので、指定に従って時速40キロメートルで運転した。	× P39 ポイント108	一般原動機付自転車は、法定最高速度の時速30キロメートルを超えてはいけません。
問39	進路変更をしようとしたところ、後方に車が接近していたので、進路変更を中止して後続車に進路を譲った。	○ P53 ポイント161	後続車が急ブレーキや急ハンドルで避けなければならない場合は、進路変更できません。
問40	交通整理が行われていない交差点で、交差する道路が優先道路や道幅が広い場合は、徐行をして、交差する道路の車に進路を譲る。	○ P52 ポイント158・159	設問のような道路では、徐行をして、交差する道路の車の進行を妨げてはいけません。
問41	図9の標識は、この先の道路に踏切があることを示している。	図9黄	○ ここで覚える	図9は「踏切あり」の警戒標識で、この先に踏切があることを示しています。

問42 □ □	空走距離と制動距離を合わせたものが停止距離である。	○ P39 ポイント 109	空走距離と制動距離の合計が停止距離になります。
問43 □ □	交差点付近を通行中、緊急自動車が近づいてきたので、道路の左側に寄って徐行した。	✕ P37 ポイント 098	交差点付近では、交差点を避け、道路の左側に寄って、一時停止しなければなりません。
問44 □ □	車両通行帯がない道路では、追い越しなどでやむを得ない場合のほかは、道路の左に寄って通行しなければならない。	○ P30 ポイント 074	車両通行帯がない道路では、原則として道路の左に寄って通行しなければなりません。
問45 □ □	踏切を通過するときに一時停止をすると渋滞の原因になるので、停止することなく、徐行しながら安全を確かめるほうがよい。	✕ P62・63 ポイント 196・198	青信号に従う場合以外は、必ず一時停止して、踏切の安全を確かめなければなりません。
問46 □ □	図10の標識は、この先の道路に危険があり、警音器を鳴らして通行することを表す。 図10 黄	✕ ここで覚える	「右（左）つづら折りあり」を表し、警音器を鳴らす意味を表すものではありません。
問47 □ □	酒を飲んで車を運転してはならないが、アルコール分の少ないビールであれば、飲んで運転してもかまわない。	✕ P16 ポイント 004	たとえ少しでも酒を飲んだら、車を運転してはいけません。
問48 □ □	車は、道路の状態や他の交通に関係なく、道路の中央から右の部分にはみ出して通行することは禁止されている。	✕ P31 ポイント 076	一方通行路や工事などの場合は、道路の右側部分にはみ出して通行することができます。
問49 □ □	オートマチック車は、アクセルペダルとブレーキペダルの操作が基本となるので、チェンジレバーの操作は、特に注意する必要はない。	✕ ここで覚える	エンジンブレーキを活用するときなどは、チェンジレバーを操作する必要があります。
問50 □ □	標識や標示により、直進や左折などの進行方向が指定されている交差点では、指定された方向に進行しなければならない。	○ ここで覚える	進行する方向ごとに通行区分が指定されているときは、その区分に従って通行します。

本免 模擬テスト 第1回

それぞれの問題について、正しいものには「○」、誤っているものには「×」で答えなさい。配点は、問1～90が各1点、問91～95が各2点（3問とも正解の場合）。

制限時間	合格点
50分	90点以上

問1 □□
一方通行の道路で右折するときは、あらかじめ道路の右端に寄り、交差点の中心の内側を徐行（じょこう）しなければならない。

問2 □□
違法に駐車している車の運転者は、警察官や交通巡視員（じゅんしいん）から、その移動を命じられることがある。

問3 □□
運転者の目をくらませるような光を道路に向けてはならない。

問4 □□
「身体障害者標識」や「聴覚障害者標識」を表示している車を追い越す行為は、法令で禁止されている。

問5 □□
最大積載量4,000キログラムの貨物自動車は、図1の標識がある場所を通行してもよい。

図1

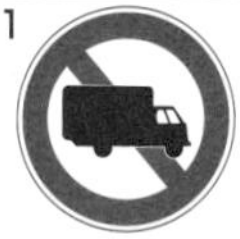

問6 □□
エアバッグが装備（そうび）されている車は、衝突（しょうとつ）などが起きても安全な構造になっているので、運転するときのシートベルトの着用義務はない。

問7 □□
安全な速度とは、その時、その場所、その状況に応じて、車をいつでも安全にコントロールできる速度のことをいう。

問8 □□
雨の日に急加速や急ハンドル、急ブレーキをかけると、横滑（すべ）りや横転（おうてん）しやすいので十分注意する。

問9 □□
赤色の灯火の点滅信号では、車は他の交通に注意して進むことができる。

問10 □□
信号に従って交差点を左折するとき、横断する歩行者がいない場合は徐行（じょこう）しなくてもよい。

正解	ポイント解説

赤シート を当てながら解いていこう。間違えたら ポイント を再チェック!

問1 〇 一方通行路では、あらかじめ道路の<u>右端</u>に寄り･･･
ます。
P50
ポイント 151

違いをチェック!

右折方法の違い

●対面通行の道路での右折
あらかじめ道路の<u>中央</u>に寄り、交差点の中心のすぐ内側を<u>徐行</u>しながら通行する。

●一方通行の道路での右折
あらかじめ道路の<u>右端</u>に寄り、交差点の中心の内側を<u>徐行</u>しながら通行する。
＊二段階の方法で<u>右折</u>する一般原動機付自転車、軽車両を除く。

問2 〇 違法に駐車している車は、<u>警察官</u>などから、<u>移動</u>を命じられることがあります。
 ここで覚える

問3 〇 運転の妨げになるので、<u>強い光</u>を道路に向けてはいけません。
ここで覚える

問4 ✕ 設問の標識（マーク）を付けた車の追い越しは、特に<u>禁止</u>されていません。
P36
ポイント 092

問5 〇 「<u>大型貨物自動車等通行止め</u>」の標識で、最大積載量<u>5,000</u>キログラム未満の貨物自動車は通行できます。
 ここで覚える

まとめて覚える!

シートベルトの着用方法

● シートの背は倒さずに、シートに深く腰かける。
●肩ベルトは、<u>首</u>にかからないように、またたるまないようにする。
●腰ベルトは、<u>骨盤</u>を巻くようにしっかり締める。
●バックルの金具は確実に差し込む。
●ベルトがねじれていないか確認する。

問6 ✕ エアバッグが装備された車でも、<u>シートベルト</u>は着用しなければなりません。
P25
ポイント 050

問7 〇 <u>天候</u>や<u>道路状況</u>などを十分考慮し、安全な速度で走行します。
ここで覚える

問8 〇 雨の日は路面が<u>滑りやすく</u>なるので、十分注意して走行しましょう。
P67
ポイント 210

問9 ✕ 車や路面電車は停止位置で<u>一時停止</u>し、安全を確認したあとに進みます。
P23
ポイント 034

問10 ✕ 交差点を左折するときは、歩行者の<u>有無</u>にかかわらず、<u>徐行</u>しなければなりません。
P50
ポイント 150

問11 □□ 横断歩道や自転車横断帯とその端から前後に5メートル以内の場所に駐停車すると、歩行者や自転車で通行する人が、そのかげになって見えずに危険なので、駐車も停車も禁止されている。

問12 □□ 歩道や路側帯（ろそくたい）がない道路に駐停車するときは、車の左側に歩行者が通行できる余地を残さなければならない。

問13 □□ 図2の標識は、駐車禁止区間の「始まり」を表している。

図2

問14 □□ 貨物自動車に積載できる重量は、自動車検査証（きさい）に記載されている最大積載量の1割増しまでである。

問15 □□ 70歳以上の運転者に「高齢者マーク」を表示させる目的は、まわりの運転者に知らせ、保護させることにある。

問16 □□ 右左折や転回するときの合図の時期は、その行為をしようとする地点から30メートル手前に達したときである。

問17 □□ 運転者は、人が転落（てんらく）したり、荷物が転落、飛散（ひさん）したりしないようにドアを確実に閉め、ロープやシートを使って、荷物を確実に積まなければならない。

問18 □□ 故障車をロープでけん引（いん）するときは、けん引する車と故障車との間に10メートル以上の間隔（かんかく）がなければ危険である。

問19 □□ 高速道路の加速車線から本線車道に合流するときは、前の車よりも、むしろ本線車道の後方の車に注意したほうがよい。

問20 □□ 総排気量250ccの普通自動二輪車と、750ccの大型自動二輪車の高速自動車国道での法定最高速度は同じである。

問21 □□ 災害が発生し、区域を指定して緊急（きんきゅう）通行車両以外の車両の通行が禁止されたときは、車を道路外に移動すれば、区域外まで移動させなくてもよい。

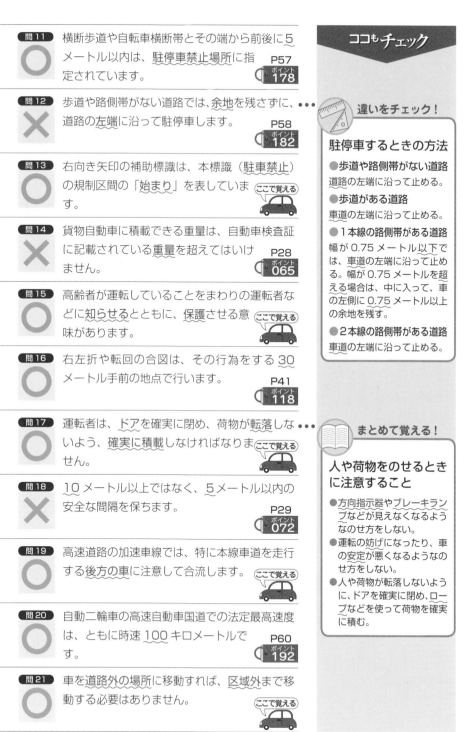

問11 ⭕ 横断歩道や自転車横断帯とその端から前後に5メートル以内は、駐停車禁止場所に指定されています。　P57　ポイント178

問12 ❌ 歩道や路側帯がない道路では、余地を残さずに、道路の左端に沿って駐停車します。　P58　ポイント182

問13 ⭕ 右向き矢印の補助標識は、本標識（駐車禁止）の規制区間の「始まり」を表しています。　ここで覚える

問14 ❌ 貨物自動車に積載できる重量は、自動車検査証に記載されている重量を超えてはいけません。　P28　ポイント065

問15 ⭕ 高齢者が運転していることをまわりの運転者などに知らせるとともに、保護させる意味があります。　ここで覚える

問16 ⭕ 右左折や転回の合図は、その行為をする30メートル手前の地点で行います。　P41　ポイント118

問17 ⭕ 運転者は、ドアを確実に閉め、荷物が転落しないよう、確実に積載しなければなりません。　ここで覚える

問18 ❌ 10メートル以上ではなく、5メートル以内の安全な間隔を保ちます。　P29　ポイント072

問19 ⭕ 高速道路の加速車線では、特に本線車道を走行する後方の車に注意して合流します。　ここで覚える

問20 ⭕ 自動二輪車の高速自動車国道での法定最高速度は、ともに時速100キロメートルです。　P60　ポイント192

問21 ⭕ 車を道路外の場所に移動すれば、区域外まで移動する必要はありません。　ここで覚える

ココもチェック

違いをチェック！

駐停車するときの方法

● **歩道や路側帯がない道路**
道路の左端に沿って止める。

● **歩道がある道路**
車道の左端に沿って止める。

● **1本線の路側帯がある道路**
幅が0.75メートル以下では、車道の左端に沿って止める。幅が0.75メートルを超える場合は、中に入って、車の左側に0.75メートル以上の余地を残す。

● **2本線の路側帯がある道路**
車道の左端に沿って止める。

まとめて覚える！

人や荷物をのせるときに注意すること

● 方向指示器やブレーキランプなどが見えなくなるようなのせ方をしない。
● 運転の妨げになったり、車の安定が悪くなるようなのせ方をしない。
● 人や荷物が転落しないように、ドアを確実に閉め、ロープなどを使って荷物を確実に積む。

問22 「指定方向外進行禁止（右折禁止）」の標識がある道路で、警察官が右折するように指示してきたが、標識の内容と違うので従わずに進んだ。

問23 運転者は、つねに天候や路面の状態を考え、前車が急に止まっても追突しないような安全な車間距離をとらなければならない。

問24 図3の標識は、道路がこの先で行き止まりになっていることを表している。

図3

問25 一般原動機付自転車の乗車定員は1名だが、専用の乗車装置を付けていれば、12歳未満の子どもに限り、乗せることができる。

問26 「高齢運転者標識」を付けた車に対しては、やむを得ない場合を除き、その車の側方に幅寄せしたり、前方に割り込んだりしてはいけない。

問27 大型自動二輪車や普通自動二輪車の積み荷の高さの制限は、積載装置から2メートル以下である。

問28 車は、道路に面した場所に出入りするため、歩道や路側帯を横切る場合は、歩行者の通行を妨げないように、徐行して通行する。

問29 高速道路の本線車道では、最低速度に達しない速度で走行してはならないので、路面が冠水している場合でも、最低速度に達しない速度で走行してはならない。

問30 一方通行になっている道路では、中央から右の部分を通行することができる。

問31 図4の標識がある道路は、乗車定員30人以上のバスは通行できないが、マイクロバスであれば通行することができる。

図4

問32 エンジンブレーキは、低速ギアになるほど制動力が小さくなる。

問22 ✕ 警察官が指示しているときは、その指示を優先し、それに従わなければなりません。〔ここで覚える〕

問23 ○ 前車に追突しないように、安全な車間距離を保つことが安全運転につながります。〔ここで覚える〕

問24 ✕ 行き止まりではなく、T形道路の交差点があることを表しています。〔ここで覚える〕

問25 ✕ 子どもであっても、一般原動機付自転車で二人乗りをしてはいけません。 P28 ポイント067

問26 ○ 高齢運転者標識（高齢者マーク）を付けた車に対する幅寄せや割り込みは、禁止されています。 P36 ポイント092

問27 ✕ 自動二輪車の積み荷の高さ制限は、積載装置からではなく、地上から2メートル以下です。 P28 ポイント066

問28 ✕ 歩行者の有無にかかわらず、歩道や路側帯の手前で一時停止して、歩行者の通行を妨げないようにします。 P32 ポイント079

問29 ✕ 危険を防止するためやむを得ない場合は、最低速度に従う必要はありません。〔ここで覚える〕

問30 ○ 一方通行路は対向車が来ないので、道路の右側部分にはみ出して通行できます。 P31 ポイント076

問31 ✕ 図4は「大型乗用自動車等通行止め」の標識で、マイクロバス（乗車定員11～29人）も通行できません。〔ここで覚える〕

問32 ✕ エンジンブレーキは、低速ギアになるほど制動力が大きくなります。〔ここで覚える〕

まとめて覚える！

安全な車間距離

安全な車間距離は、停止距離と同じ程度以上の距離が必要。速度ごとの車間距離の目安は次のとおり。
- 時速20キロメートル ➡ 9メートル以上
- 時速30キロメートル ➡ 14メートル以上
- 時速40キロメートル ➡ 22メートル以上
- 時速50キロメートル ➡ 32メートル以上
- 時速60キロメートル ➡ 44メートル以上

違いをチェック！

歩道や路側帯の通行

【原則】車は、歩道や路側帯を通行してはいけない。
【例外】道路に面した場所に出入りするために横切るときは通行できる。その場合、歩行者の有無にかかわらず、その直前で一時停止しなければならない。

97

問33
☐ ☐
集団で走行するツーリングは、快適で楽しいものにするため、あらかじめ計画を立てて走行するのがよい。

問34
☐ ☐
高速道路の最高速度は法律で決められているので、天候や気象状況によって速度の制限が変わることはない。

問35
☐ ☐
交差点やその付近以外のところで緊急自動車が近づいてきたときは、道路の左側に寄って進路を譲ればよい。

問36
☐ ☐
こう配の急な坂は、上りも下りも駐停車が禁止されている。

問37
☐ ☐
図5のような運転者の手による合図は、右折や転回、右への進路変更を表すものである。

図5

問38
☐ ☐
オートマチック車は、エンジンを始動する前に、ブレーキペダルを踏んでその位置を確認し、アクセルペダルの位置を目で確認するのがよい。

問39
☐ ☐
横断歩道や自転車横断帯のすぐ直前で止まっている車があるときは、そのそばを通って前方に出る前に一時停止しなければならない。

問40
☐ ☐
霧のときは、視界がきわめて狭くなるので、道路の中央線やガードレール、前車の尾灯を目安に速度を落として運転するのがよい。

問41
☐ ☐
明るいところから急に暗いトンネルに入ると、視力は一時急激に低下するので、トンネルに入る前に速度を落とすことが大切である。

問42
☐ ☐
雨の中で高速走行すると、スリップを起こしたり、タイヤが浮いてハンドルやブレーキが効かなくなることがあるが、これを「ハイドロプレーニング現象」という。

問43
☐ ☐
赤ランプなどの非常信号用具を備えなければならないのは、事業用の自動車だけである。

問33 ⭕ はぐれたり無理があったりしないように、<u>計画を立てて</u>出発しましょう。
P16
ポイント
002

問34 ❌ 天候や気象状況などにより、<u>規制速度が変わる</u>ことがあります。 •••
ここで覚える

問35 ⭕ <u>徐行</u>や<u>一時停止の義務はなく</u>、道路の<u>左側</u>に寄って緊急自動車に進路を譲ります。
P37
ポイント
099

問36 ⭕ こう配の急な坂は、<u>下り坂</u>だけでなく、<u>上り坂</u>でも駐停車が禁止されています。
P56
ポイント
174

問37 ❌ 四輪の運転者が右腕をひじから垂直に曲げる合図は、<u>左折</u>、または<u>左</u>に進路変更することを意味します。
P41
ポイント
117

問38 ⭕ 誤操作を防止するため、ペダルを<u>踏んだり</u>、目で<u>見たり</u>して確かめます。
P43
ポイント
126

問39 ⭕ 停止車両の前方に出る前に、必ず<u>一時停止</u>し、安全を確認しなければなりません。 •••
P35
ポイント
088

問40 ⭕ 霧が発生したときは、視界が<u>極端に悪くなる</u>ので、設問のように十分注意して運転します。
P67
ポイント
211

問41 ⭕ 暗さに目が慣れるまで<u>時間がかかる</u>ので、あらかじめ<u>速度を落として</u>トンネルに入ります。
P20
ポイント
024

問42 ⭕ 雨天の高速走行時は、「<u>ハイドロプレーニング現象</u>」に注意します。
ここで覚える

問43 ❌ 二輪車などを除き、<u>自家用自動車</u>も非常信号用具を備え付けておかなければなりません。
ここで覚える

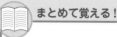

ココも **チェック**

📖 **まとめて覚える！**

高速自動車国道の法定最高速度

下記以外の自動車の法定最高速度は、時速 100 キロメートル（下記の自動車は時速 80 キロメートル）。
- 大型貨物自動車
- 特定中型貨物自動車
- 大型特殊自動車
- 三輪の普通自動車
- けん引自動車

📖 **まとめて覚える！**

停止車両があったら要注意！

横断歩道や自転車横断帯の手前に停止車両があるときは、前方に出る前に一時停止することが義務づけられている。車のかげで横断している歩行者や自転車が見えないので、一時停止して安全を確認してから進まなければならない。

問44 二輪車でぬかるみや砂利道を通過するときは、ブレーキをかけたり大きなハンドル操作はせずに、スロットルで速度を変化させながら走行するとよい。

問45 運転中に携帯電話を手に持って使用することは危険なので、あらかじめ電源を切っておくか、ドライブモードにして呼出音が鳴らないようにしておく。

問46 ウインドッ・ウォッシャの点検は、その液量だけでなく、噴射するノズルの状態も確認する。

問47 運転中に車が故障したときは、やむを得ないので、駐停車禁止場所に車を止めておくことができる。

問48 追い越しをするときは、前方の安全を確認するとともに、バックミラーなどで右側や右斜め後方の安全を確かめる。

問49 横断歩道を歩行者が横断していたが、車を見て立ち止まったので、そのまま通過した。

問50 図6の標識がある場所では、追い越しのために進路を変えることも禁止されている。

図6

追越し禁止

問51 運転者はドアをロックし、同乗者が不用意に開けたりしないように注意しなければならない。

問52 安全にカーブを曲がるためには、カーブの途中で減速するよりも、その手前の直線部分で十分速度を落とすのがよい。

問53 身体障害者用の車いすで通行している人は歩行者にはならないので、徐行や一時停止して保護する必要はない。

問54 右左折するときの合図は方向指示器などで行い、右左折が終わって約3秒後にやめなければならない。

問44 ✕ ぬかるみや砂利道では、スロットルで速度を一定に保ったまま走行します。
ここで覚える

問45 ◯ 携帯電話を手に持って使用することは、<u>危険な</u>ので禁止されています。
P20 ポイント 023

問46 ◯ ウインドゥ・ウォッシャの液量や、噴射する<u>ノズル</u>の状態を点検します。
ここで覚える

問47 ✕ 故障は継続的な車の停止で「<u>駐車</u>」になるので、<u>駐停車禁止場所</u>に停止してはいけません。
P54 ポイント 164

問48 ◯ 追い越しは、あらかじめ<u>ミラー</u>や<u>目視</u>で安全を確かめてから行います。
ここで覚える

問49 ✕ 横断歩道を歩行者が横断しているとき、車は<u>一時停止</u>して歩行者の通行を<u>妨げ</u>てはいけません。
P35 ポイント 087

問50 ◯ 「追越し禁止」の標識がある場所では、追い越しのため、<u>進路を変えたり</u>、その横を<u>通り過ぎたり</u>してはいけません。
P46 ポイント 137

問51 ◯ 運転者には、同乗者の安全を守る<u>責任</u>と<u>義務</u>があります。
ここで覚える

問52 ◯ カーブ途中でのブレーキは<u>危険</u>なので、その手前の<u>直線部分</u>で減速します。
P64 ポイント 202

問53 ✕ 車いすで通行している人は<u>歩行者</u>となり、<u>一時停止か徐行</u>をして、安全に通行できるようにしなければなりません。
P36 ポイント 090

問54 ✕ 約<u>3</u>秒後ではなく、右左折が終わったら<u>すみやか</u>に合図をやめなければなりません。
P41 ポイント 121

ココも チェック

📖 **まとめて覚える！**

運転中の携帯電話の使用が危険な理由

①片手に持って通話すると、<u>ハンドル</u>や<u>ブレーキ操作</u>に支障が出る。
②メールなどで画面を見ると、周囲の<u>状況確認</u>ができなくなる。
③<u>着信音</u>が鳴ると、運転に集中できなくなる。

📏 **違いをチェック！**

「追い越し」に関する2つの標識の違い

車は、道路の<u>右側部分</u>にはみ出して追い越しをしてはいけない（<u>はみ出さない追い越し</u>は禁止されていない）。

追越し禁止

車は、追い越しをしてはいけない（<u>はみ出す、はみ出さない</u>に関係なく、追い越しをしてはいけない）。

問55 □ □ 普通自動車に12歳以下の子どもを同乗させるときは、疾病（しっぺい）などのやむを得ない場合以外は、チャイルドシートを使わなければならない。

問56 □ □ 「一般原動機付自転車の右折方法（二段階）」の標識がある道路では、一般原動機付自転車は二段階の方法で右折しなければならない。

問57 □ □ 一般道路の路側帯（ろそくたい）は、すべて駐停車が禁止されている。

問58 □ □ 規制標識とは、特定の交通方法を禁止したり、特定の方法に従って通行するよう指定したりするものである。

問59 □ □ 普通免許の初心運転者は、ほかの人の車を借りて運転するときでも、初心者マークを表示しなければならない。

問60 □ □ オートマチック車を駐車するときは、フットブレーキを踏んだままハンドブレーキをかけ、チェンジレバーを「P」の位置に入れるのが正しい。

問61 □ □ 図7の路側帯がある道路で駐停車するときは、路側帯には入らず、車道の左端に沿わなければならない。

図7

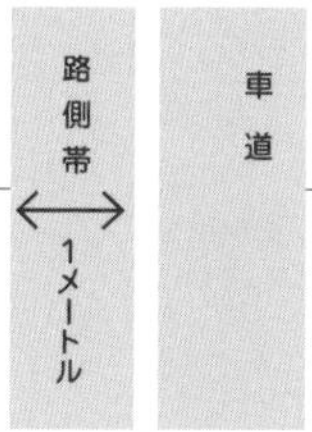

路側帯 ←→ 1メートル　車道

問62 □ □ 安全地帯のそばを通るときは、安全地帯の歩行者の有無（うむ）に関係なく、徐行（じょこう）しなければならない。

問63 □ □ 高速道路で故障などにより運転することができなくなったときは、レッカー車を要請（ようせい）したあと、車内で待つようにしたほうが安全である。

問64 □ □ 前方の交差する優先道路を走行中の車があったが、交通整理が行われていなかったのでそのまま走行した。

問65 □ □ 運転者は、交通事故に備え、必要な応急救護処置（しょち）を身につけるだけでなく、万一の事故に備え、三角布、ガーゼ、包帯などを車に乗せておくとよい。

問55 ✗ チャイルドシートの使用が義務づけられているのは、6歳未満の幼児です。
P25 ポイント **051**

問56 ○ この標識がある道路では、一般原動機付自転車は、二段階の方法で右折しなければなりません。
P51 ポイント **154**

問57 ✗ 幅が 0.75 メートルを超える白線 1 本の路側帯では、中に入って駐停車できます。
P58 ポイント **184**

問58 ○ 規制標識は本標識の 1 つで、特定の交通方法を禁止したり、特定の方法に従って通行するよう指定したりするものです。
P26 ポイント **054**

問59 ○ ほかの人の普通自動車を借りて運転するときでも、初心者マークを付けなければなりません。
P36 ポイント **093**

問60 ○ ハンドブレーキをかけ、チェンジレバーを「P（パーキング）」の位置に入れて駐車します。
 ここで覚える

問61 ✗ 幅が 0.75 メートルを超える場合は、路側帯に入り、0.75 メートル以上の余地をあけて駐停車します。
P58 ポイント **184**

問62 ✗ 安全地帯に歩行者がいるときだけ徐行します。歩行者がいないときは、徐行する必要はありません。
P34 ポイント **085**

問63 ✗ 車内で待つと追突（ついとつ）されるおそれがあって危険なので、車外の安全な場所に避難（ひなん）します。
P61 ポイント **194**

問64 ✗ 交差する道路が優先道路の場合は、徐行をして、優先道路を通行する車の進行を妨げて（さまた）はいけません。
P52 ポイント **158**

問65 ○ 万一の事故に備え、応急救護処置を身につけ、救急用具を車に備えておきます。
 ここで覚える

ココもチェック

まとめて覚える！

一般原動機付自転車が二段階右折しなければならない交差点

● 交通整理が行われていて、車両通行帯が3つ以上ある道路の交差点。

● 「一般原動機付自転車の右折方法（二段階）」の標識がある道路の交差点。

違いをチェック！

白線1本の路側帯がある道路での駐停車の方法

● 幅が 0.75 メートル以下の路側帯

車道の左端に沿う。

● 幅が 0.75 メートルを超える路側帯

路側帯の中に入り、車の左側に 0.75 メートル以上の余地を残す。

問66
□□
車の管理が不十分なため、鍵を勝手に持ち出されて交通事故が起きたときは、車の所有者にもその責任がある。

問67
□□
一方通行の道路で緊急自動車が近づいてきたときは、必ず道路の右側に寄って進路を譲らなければならない。

問68
□□
図8の標識がある場所では、一般原動機付自転車はいつでも軌道敷内を通行することができる。

図8

問69
□□
大型自動二輪車や普通自動二輪車は、路線バス等の専用通行帯を通行することができる。

問70
□□
「警笛区間」の標識がある区間内の、見通しが悪い交差点、曲がり角、上り坂の頂上を通行するときは、警音器を鳴らさなければならない。

問71
□□
二輪車のハンドルを変形に改造しても、運転には支障はない。

問72
□□
誤った合図や不必要な合図は、ほかの交通に迷いを与え、危険を高めることになるので、してはならない。

問73
□□
交差点付近を通行中、緊急自動車が近づいてきたので、交差点を避け、道路の左側に寄って徐行した。

問74
□□
車の右側に3.5メートル以上の余地がなくなる場所でも、荷物の積みおろしで運転者がすぐに運転できる状態のときは駐車してもよい。

問75
□□
図9の標識がある場所では、車は横断だけでなく、転回や後退も禁止されている。

図9

問76
□□
オートマチック車は、クラッチ操作がいらず、ハンドルも片手で操作できるので、運転中に携帯電話を操作してもかまわない。

問66 鍵の管理は、運転者だけでなく所有者の責任でもあります。

◯ ここで覚える

問67 左側に寄るとかえって緊急自動車の妨げとなる場合だけ、右側に寄って進路を譲ります。

✕ P37 ポイント 098・099

問68 「軌道敷内通行可」の標識がある場所は、自動車は通行できますが、一般原動機付自転車は原則として通行できません。

✕ ここで覚える

問69 路線バス等、小型特殊自動車以外の自動車は、原則として専用通行帯を通行してはいけません。

✕ P38 ポイント 102

問70 警笛区間内の、見通しが悪い設問の場所を通行するときは、警音器を鳴らさなければなりません。

◯ P42 ポイント 123

問71 変形ハンドルに改造すると、運転操作の妨げとなり危険です。

✕ ここで覚える

問72 不必要な合図は、ほかの交通に迷いを与えることになるので、してはいけません。

◯ ここで覚える

問73 徐行ではなく、交差点を避け、道路の左側に寄って一時停止し、緊急自動車に進路を譲ります。

✕ P37 ポイント 098

問74 車の右側に3.5メートル以上の余地がなくなる場所では駐車禁止ですが、設問の場合は、例外として駐車できます。

◯ P59 ポイント 187

問75 「車両横断禁止」の標識がある場所では、右折を伴う横断は禁止ですが、転回や後退は禁止されていません。

✕ P53 ポイント 163

問76 オートマチック車でも、携帯電話を片手で操作しながら運転してはいけません。

✕ P20 ポイント 023

ココも**チェック**

 違いをチェック！

緊急自動車への譲り方

①交差点とその付近の場所
- 交差点を避け、道路の左側に寄って一時停止する。
- 一方通行路で、左側に寄るとかえって妨げになる場合は、道路の右側に寄って一時停止する。

②交差点付近以外の場所
- 道路の左側に寄って進路を譲る。
- 一方通行路で、左側に寄るとかえって妨げになる場合は、道路の右側に寄って進路を譲る。

 まとめて覚える！

合図をするときの注意点

- 右左折や転回、進路変更などをするときは合図をし、その行為が終わるまで継続する。
- 右左折などが終わったら、すみやかに合図をやめる。
- 不必要な合図は、ほかの交通を混乱させることになるので、してはいけない。
- 夕日の反射などによって、方向指示器が見えにくい場合は、手による合図を併せて行う。

問77 □□ 追い越しをするときは、法令や標識で定められた最高速度を一時的に超えることが認められている。

問78 □□ 「一方通行」の標識があり、停止線がない場合の停止位置は、その交差点の直前である。

問79 □□ 二輪車を運転するときは乗車用ヘルメットをかぶらなければならないが、工事用安全帽は、正しく着用すれば乗車用ヘルメットの代わりになる。

問80 □□ 交差点の手前を走行中、車両通行帯が黄色の線で区画されていたが、後方や側方の安全を確認できれば危険がないので、右左折のための進路変更を行った。

問81 □□ 車の放置行為とは、違法駐車をした運転者が、車を離れてただちに運転することができない状態にすることをいう。

問82 □□ 大型特殊免許を受けていれば、普通自動二輪車を運転することができる。

問83 □□ 後ろの車に追い越されようとするとき、相手に追い越すための十分な余地がないときは、進路を譲る必要はない。

問84 □□ 違法駐車により、車をレッカー移動された場合、その移動や保管に要する費用は、運転者または所有者が負担しなければならない。

問85 □□ 図10のような警察官の手信号は、矢印の方向に対して、赤色の灯火信号と同じ意味を表している。

図10

問86 □□ 一般道路では、普通二輪免許を受けて1年を経過していない者は、二人乗りをしてはならない。

問87 □□ 追い越しをしようとするときは、まず右に寄りながら右側の方向指示器を出し、次に後方の安全を確かめなければならない。

問77 ✕ 追い越しをするときでも、<u>最高速度</u>を超えてはいけません。
P39
ポイント 106・107

問78 ◯ 停止線がない場合は、<u>交差点の直前が停止位置</u>です。
ここで覚える

問79 ✕ <u>工事用安全帽</u>は、乗車用ヘルメットの代わりにはなりません。二輪車は<u>乗車用ヘルメット</u>をかぶって運転します。
P45
ポイント 130

問80 ✕ 黄色の線で区画された車両通行帯は<u>進路変更禁止</u>を表し、右左折のためでも、<u>進路変更してはいけません</u>。
P53
ポイント 162

問81 ◯ 放置行為は、設問のとおり<u>違法駐車</u>になるので禁止されています。
ここで覚える

問82 ✕ 大型特殊免許では、<u>普通自動二輪車</u>を運転できません。普通自動二輪車を運転するには、<u>大型・普通二輪免許</u>が必要です。
P17
ポイント 006

問83 ✕ 追い越されるとき、十分な<u>余地</u>がないときは、できるだけ<u>左側</u>に寄って進路を譲ります。
ここで覚える

問84 ◯ レッカー移動や保管にかかる費用は、<u>運転者</u>か所有者が負担します。
ここで覚える

問85 ◯ 警察官の身体の正面に対面または背面する交通に対しては、信号機の<u>赤色の灯火信号</u>と同じ意味です。
P24
ポイント 037

問86 ◯ 二輪免許を受けて<u>1年</u>を経過しなければ、<u>二人乗り</u>はできません。
P45
ポイント 133

問87 ✕ まず<u>周囲の安全</u>を確かめてから合図を出し、もう一度安全確認してから追い越しを開始します。
ここで覚える

ココもチェック

📖 **まとめて覚える！**

停止線がない場合の停止位置

● 交差点では、その<u>直前</u>。すぐ近くに横断歩道や自転車横断帯があるところでは、その<u>直前</u>。
● 交差点以外で、横断歩道や自転車横断帯、踏切があるところでは、その<u>直前</u>。
● 交差点以外で、横断歩道や自転車横断帯、踏切がないところで信号機があるときは、その<u>直前</u>。警察官などが手信号・灯火信号を行っているときは、警察官などの<u>1メートル手前</u>。

📖 **まとめて覚える！**

追い越されるときの走り方

● 後ろの車の追い越しが終わるまで、速度を<u>上げてはいけない</u>。
● 十分な余地がない場合は、できるだけ<u>左側</u>に寄って追い越す車に進路を譲る。
＊<u>徐行する義務はない</u>。

107

問88 □ □ 普通自動二輪車（側車付きを除く）の積み荷の重さの制限は、60キログラムまでである。

問89 □ □ 運転者が危険を感じてブレーキを踏み、ブレーキが実際に効き始めるまでの間に車が走る距離を空走距離、ブレーキが効き始めてから停止するまでの距離を制動距離という。

問90 □ □ 薬は体の調子をよくするものであるから、どんな薬を飲んだ場合でも車の運転には影響がない。

問91 (1)(2)(3) (1)(2)(3) □□□ □□□

時速50キロメートルで進行しています。速度の遅い車に追いついたときは、どのようなことに注意して運転しますか？

(1)対向車線の様子がよく見え、対向車との距離が十分あるので、すぐに追い越しを始める。

・・・・・・・・・・・・・・・・・・・・・・・・・・・・・・

(2)前方の遅い車の前にほかの車がいるかもしれないので、その確認ができるまでそのまま進行する。

・・・・・・・・・・・・・・・・・・・・・・・・・・・・・・

(3)対向する二輪車は車体が小さく、実際の距離より遠くに見えることがあるので、早めに追い越しを始める。

問92 (1)(2)(3) (1)(2)(3) □□□ □□□

時速100キロメートルで高速道路を通行しています。どのようなことに注意して運転しますか？

(1)右の車がすぐ左へ進路変更すると危険なので、やや減速し、左の車線へ進路を変える。

・・・・・・・・・・・・・・・・・・・・・・・・・・・・・・

(2)右の車がすぐ左へ進路変更すると危険なので、加速して前車との車間距離をつめる。

・・・・・・・・・・・・・・・・・・・・・・・・・・・・・・

(3)右の車は自分の車がいるため、すぐ進路を変更するかどうかわからないので、後続車に注意しながら減速する。

問88 ○ 普通自動二輪車に積める荷物の重さの制限は、60 キログラムまでです。　P28
ポイント 066

問89 ○ 空走距離と制動距離の意味は設問のとおりで、その2つを合わせた距離が停止距離になります。　P39 ポイント 109

問90 ✕ 睡眠作用がある薬を飲んだ場合は、車を運転しないようにします。　P16 ポイント 003

問91

(1) ✕ 二輪車が思いのほか早く接近してきて、衝突するおそれがあります。

(2) ○ 前方の車の前にほかの車がいないか、安全を確かめます。

(3) ✕ 二輪車は速度が速く、実際より早く接近してくるおそれがあります。

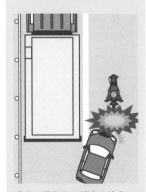

遠くに見える二輪車に注意！
(1) に対応

問92

(1) ○ 危険を予測して進路を変えるのは、正しい運転行動です。

(2) ✕ 右の車は、自車の接近に気づかずに進路を変え、衝突するおそれがあります。

(3) ○ 危険を予測して、安全な車間距離をあけます。

合図をしている車の進路変更に注意！
(2) に対応

問93 (1) (2) (3)　(1) (2) (3)
□ □ □　□ □ □

時速40キロメートルで進行しています。駐車中のトラックの横を通るときは、どのようなことに注意して運転しますか？

(1)トラックのかげの歩行者は車道を横断するおそれがあるので、ブレーキを数回に分けて踏み、後続の車に注意を促し、いつでも止まれるように減速する。

(2)左の路地から車が出てくるかもしれないので、中央線寄りを進行する。

(3)トラックのかげの歩行者はこちらを見ており、車道を横断することはないので、このままの速度で進行する。

問94 (1) (2) (3)　(1) (2) (3)
□ □ □　□ □ □

時速30キロメートルで進行しています。どのようなことに注意して運転しますか？

(1)右の路地の子どもは、急に車道に飛び出してくるおそれがあるので、車道の左側端（ひだりそくたん）に寄って進行する。

(2)左側の子どもたちは歩道上で遊んでいるため、急に車の前に出てくることはないので、そのまま進行する。

(3)子どもたちは、予測できない行動をとることがあるので、警音器（けいおんき）を鳴らして、そのままの速度で進行する。

問95 (1) (2) (3)　(1) (2) (3)
□ □ □　□ □ □

時速40キロメートルで進行しています。どのようなことに注意して運転しますか？

(1)二輪車は車幅（せま）が狭く、電柱のそばを通行することができると思われるので、このままの速度で車体を傾けて（かたむ）カーブを進行する。

(2)左側に電柱があるので、電柱の手前までに十分速度を落として進行する。

(3)道幅が狭く、対向車も近づいてきているので、カーブの手前で速度を落とし、その様子を見ながら進行する。

110

問93

(1) ⭕ 後続車に注意しながら、速度を落として進行します。

(2) ❌ 中央線寄りを進むと、歩行者が道路を横断してきたときに危険です。

(3) ❌ 歩行者は道路を横断するおそれがあるので、速度を落とし、横断に備えます。

ブレーキのかけ方に注意！
(1) に対応

問94

(1) ❌ 車道の左側端に寄ると、歩道上の子どもが車道に出てきて、衝突するおそれがあります。

(2) ❌ 子どもは遊びに夢中になり、車道に出てくるおそれがあります。

(3) ❌ 警音器は鳴らさず、速度を落として進行します。

子どもの動向に注意！
(2) に対応

問95

(1) ❌ このままの速度で車体を傾けると、転倒したり、電柱に衝突するおそれがあります。

(2) ⭕ 電柱に注意しながら、速度を落としてカーブを曲がります。

(3) ⭕ 対向車に注意しながら、速度を落としてカーブを曲がります。

カーブに入る速度に注意！
(1) に対応

それぞれの問題について、正しいものには「○」、誤っているものには「×」で答えなさい。配点は、問1〜90が各1点、問91〜95が各2点（3問とも正解の場合）。

制限時間	合格点
🕐 50分	✏️ 90点以上

問1 □□
高速道路を走行中、故障などのためやむを得ない場合は、十分な幅がある路肩や路側帯に駐停車することができる。

問2 □□
環状交差点を出ようとするときや環状交差点で後退などをしようとするときは、あらかじめバックミラーなどで安全を確かめてから合図をしなければならない。

問3 □□
急加速、急ハンドルによって後輪が横滑りしたときは、まずブレーキをかけて、ハンドル操作で車の向きを立て直すとよい。

問4 □□
交差点付近の横断歩道がないところで、歩行者が道路を渡ろうとしているときは、徐行や一時停止などをして道を譲る。

問5 □□
横断歩道を横断中、友人と会ったので、その場で立ち話をした。

問6 □□
雪道や凍りついた道以外の道路でスパイクタイヤを使用すると、路面の損壊や粉じんの発生の原因となるので、使用してはならない。

問7 □□
高速道路から一般道路に出るときは、速度の超過に十分注意し、すみやかに一般道路に見合った運転方法をとらなければならない。

問8 □□
シートベルトをつけていない場合に事故にあうと、天井、フロントガラス、ハンドル、計器板などに激突するおそれがある。

問9 □□
図1の標識は、この先は歩行者が多いので注意しなければならないことを運転者に示すものである。

図1

問10 □□
下り坂でオートマチック車を駐車するときは、チェンジレバーを「P」の位置に入れるより、「R」の位置に入れるほうがよい。

正解	ポイント解説

 を当てながら解いていこう。間違えたら  を再チェック！

問1 ○
故障などでやむを得ない場合は、十分な幅がある路肩や路側帯に駐停車できます。
P61
ポイント194

問2 ○
あらかじめバックミラーなどで安全を確かめてから、合図を行います。
ここで覚える

問3 ×
ブレーキはかけずに、後輪が滑る方向にハンドルを切って車の向きを立て直します。
ここで覚える

問4 ○
一時停止するなどして、歩行者の通行を妨げないようにします。
ここで覚える

問5 ×
横断歩道上での立ち話は危険なので、してはいけません。
ここで覚える

問6 ○
スパイクタイヤは、粉じん公害になるので、雪道や凍りついた道以外の道路では使用禁止です。
ここで覚える

問7 ○
高速道路から一般道路に出た直後は、特に速度感覚がまひしているので、速度計を見て確認します。
ここで覚える

問8 ○
シートベルトを正しく着用していれば、設問のような事態を防ぐことができます。
ここで覚える

問9 ×
図1は「歩行者等専用」の標識で、車は原則として通行できないことを表します。
P33
ポイント081

問10 ×
オートマチック車を駐車するときは、上り下りに関係なく、チェンジレバーを「P」に入れます。
ここで覚える

 まとめて覚える！

高速道路で駐停車できる場合

- 危険防止などのため、一時停止するとき。
- 故障などのため、十分な幅がある路肩や路側帯にやむを得ず駐停車するとき。
- パーキングエリアでの駐停車、料金支払いのために停車するとき。

路肩、路側帯

 手順を覚える！

高速道路の本線車道から出るとき

① あらかじめ目的地への方向と出口を予告する案内標識を確認する。
② 出口に近づいたときは、あらかじめ接続する通行帯を通行する。減速車線がある場合は、その車線を通行して速度を落とす。
③ 一般道路に出たときは、速度の超過に特に注意して、一般道路に見合った運転をする。

問11 □ □ 横断歩道の手前で止まっている車があったが、横断している人がいなかったので、徐行して通過した。

問12 □ □ カーブの手前で速度を落とすのは、高速のままカーブを曲がったり、高速のままハンドルを切ったり、カーブに入ってからブレーキをかけたりすると横転や横滑りの危険があるからである。

問13 □ □ 車の発進時には、車の周囲をひと回りし、安全を確認してから車に乗る習慣を身につけるとよい。

問14 □ □ 初心運転者が夜間運転するときは、車の操作が確実にできるように室内灯をつけて走行するとよい。

問15 □ □ 図2の標識がある場所では、一般原動機付自転車は二段階右折しなければならないが、二段階右折するのは、この標識がある場所だけである。

図2

問16 □ □ 違法駐車をして「放置車両確認標章」を取り付けられた車の使用者、運転者やその車の管理について責任がある人は、その車を運転するときに、この標章を取り除いてもよい。

問17 □ □ 貨物自動車の荷台には、荷物を見張るためであっても、人を乗せてはならない。

問18 □ □ 濡れたアスファルト路面を走行するときは、タイヤと路面との摩擦抵抗が小さくなり、制動距離が長くなる。

問19 □ □ 高速自動車国道の本線車道では、最低速度が法律で定められているが、その速度は時速50キロメートルである。

問20 □ □ 道路の曲がり角やカーブを走行するときは、車の内輪差により後輪が路肩にはみ出すおそれがあるので注意しなければならない。

問21 □ □ 自動車を運転中、ほかの車や歩行者に進路を譲るときは、はっきりと手で合図を行うとよい。

問11 ✕ 前方に出る前に一時停止して、安全を確かめなければなりません。
P35
ポイント
088

問12 ○ 設問のような理由から、カーブの手前で速度を落とします。
P64
ポイント
202

問13 ○ 車に乗る前に、車の前後・左右など周囲をよく確認してから発進しましょう。
ここで覚える

問14 ✕ 初心運転者に限らず、バス以外の車は、夜間室内灯をつけて運転してはいけません。
ここで覚える

問15 ✕ 交通整理が行われている片側3車線以上の交差点でも、二段階右折しなければなりません。
P51
ポイント
154

問16 ○ 「放置車両確認標章」を取り付けられたときは、危険防止のため、標章を取り外して運転します。
ここで覚える

問17 ✕ 荷台には、荷物を見張るための最小限の人を乗せることができます。
P29
ポイント
069

問18 ○ 濡れたアスファルト路面を走行すると、タイヤと路面の間の摩擦抵抗は小さくなります。
P21
ポイント
027

問19 ○ 高速自動車国道の本線車道での法定最低速度は、時速50キロメートルです。
P60
ポイント
192

問20 ○ 車が曲がるときは、内輪差の影響で後輪が前輪より内側を通るので、注意しなければなりません。
P51
ポイント
156

問21 ○ 自分の意思を伝えるため、はっきりと手で合図を行います。
ここで覚える

ココもチェック

📖 まとめて覚える！

カーブを通行するときの注意点

● カーブ手前の直線部分で、十分速度を落とす。
● 急ハンドルにならないように、緩やかにハンドルを操作する。
● カーブでは、外側に飛び出そうとする遠心力が働く。遠心力は、速度の二乗に比例し、カーブの半径が小さいほど大きくなる。
● カーブでは、対向車がセンターラインをはみ出してくることがあるので、十分注意する。

📖 まとめて覚える！

貨物自動車の荷台に人を乗せられるとき

● 荷物を見張るため、必要最小限の人を乗せるとき。
● 出発地の警察署長の許可を受けたとき（荷台や座席以外のところに荷物を積む場合も同じ）。

許可証

本免模擬テスト　第2回

115

問22
☐ ☐ 決められた速度の範囲内であっても、道路や交通の状況、天候や視界などをよく考えた安全な速度で走行するのがよい。

問23
☐ ☐ 左右の見通しがきかない交差点（信号機などによる交通整理が行われている場合や、優先道路を通行している場合を除く）では、徐行して通行しなければならない。

問24
☐ ☐ 踏切内では、エンストを防止するため、早めに変速を行い、一気に通過するのがよい。

問25
☐ ☐ 下り坂を通行するとき、急な下り坂ではエンジンブレーキを主に使い、長い下り坂ではフットブレーキをひんぱんに使うとよい。

問26
☐ ☐ 警察官が交差点で両腕を水平に上げる手信号をしているとき、身体の正面に平行する車は、停止線で停止しなければならない。

問27
☐ ☐ 追い越しが終わったら、できるだけ早く追い越した車の前に進路を変えるべきである。

問28
☐ ☐ 制動距離は、速度が2倍になれば4倍になる。

問29
☐ ☐ 白や黄色のつえを持った人、盲導犬を連れた人に対しては、一時停止か徐行をして、これらの人が安全に通行できるようにしなければならない。

問30
☐ ☐ 高速自動車国道の本線車道が道路の構造上、往復の方向別に分離されていない区間の最高速度は、標識などにより最高速度が指定されていなければ、一般道路と同じである。

問31
☐ ☐ 図3の信号では、路面電車も矢印の方向に進行することができる。

図3
青

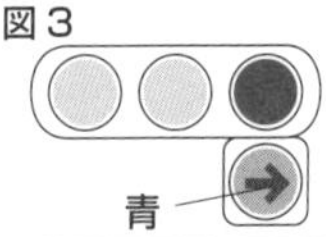

問32
☐ ☐ 小型特殊免許を受けていれば、小型特殊自動車と一般原動機付自転車を運転することができる。

問22 ◯ 状況などをよく考えて、<u>最高速度以下の安全な</u>速度で走行します。

<u>ここで覚える</u>

問23 ◯ 左右の見通しがきかない交差点では、<u>徐行</u>して、安全を確かめてから通過します。

P40
ポイント
113

問24 ✕ 変速操作をすると<u>エンスト</u>するおそれがあるので、<u>低速ギアのまま一気に通過します。</u>

P62
ポイント
196

問25 ✕ いずれの場合も<u>エンジンブレーキ</u>を主に使い、<u>フットブレーキは補助的に使用します</u>。

P65
ポイント
203

問26 ✕ 身体の正面に平行する交通は、信号機の<u>青色の灯火信号</u>と同じ意味になります。

P24
ポイント
037

問27 ✕ すぐに進路を変えるのは<u>危険</u>です。追い越した車が<u>バックミラー</u>に写るぐらいまで進んでから進路を戻します。

<u>ここで覚える</u>
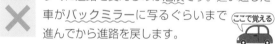

問28 ◯ 制動距離は速度の<u>二乗</u>に比例するので、速度が<u>2倍</u>になると制動距離は<u>4倍</u>になります。

P21
ポイント
027

問29 ◯ 設問の歩行者に対しては、<u>一時停止か徐行</u>をして、安全に通行できるように保護します。

P36
ポイント
090

問30 ◯ 設問のような場所での高速自動車国道の法定最高速度は、一般道路と同じ<u>時速60キ</u>ロメートルです。

P60
ポイント
192

問31 ✕ 青の矢印信号は車に対する信号なので、<u>路面電車は進行できません</u>。

P23
ポイント
032

問32 ✕ 小型特殊免許で運転できるのは<u>小型特殊自動車</u>だけで、<u>一般原動機付自転車</u>は運転できません。

P17
ポイント
006

ココも チェック

📖 まとめて覚える！

徐行すべき場所

①「徐行」の標識があるところ。
②左右の見通しがきかない交差点（信号機がある場合や優先道路を通行している場合を除く）。
③道路の曲がり角付近。
④上り坂の頂上付近。
⑤こう配の急な下り坂。

📖 まとめて覚える！

車に働く力の法則

次の項目は、速度の二乗に比例する。つまり、速度が2倍になれば4倍に、速度を2分の1にすれば4分の1になる。

●遠心力
●制動距離
●衝撃力

ブレーキ　停止

ブレーキ　停止

速度2倍　制動距離4倍

本免模擬テスト　第2回

117

問33 □□ 交差点で左折するときは徐行^{じょこう}しなければならないが、右折するときは一時停止しなければならない。

問34 □□ 総排気量125ccの普通自動二輪車は、高速道路を通行することができない。

問35 □□ 雨の日に、狭^{せま}い道路で対向車と行き違うときは、できるだけ左側に寄り、路肩^{ろかた}を通行したほうがよい。

問36 □□ 原付免許を受けて1年未満の人は、一般原動機付自転車に図4のマークを付けて運転しなければならない。

図4 黄　緑

問37 □□ 道路の曲がり角から5メートル以内は駐停車禁止場所だが、見通しがよい場合は駐停車してもかまわない。

問38 □□ 霧は視界をきわめて狭くするので、前照灯^{ぜんしょうとう}や霧灯^{むとう}、尾灯^{びとう}などを早めに点灯するのがよいが、警音器^{けいおんき}は鳴らしてはならない。

問39 □□ 自動車損害賠償^{そんがいばいしょう}責任保険や責任共済への加入は、自動車は強制加入だが、一般原動機付自転車は任意加入である。

問40 □□ 横断歩道がない交差点やその近くを横断している歩行者がいるときは、警音器を鳴らして注意を促^{うなが}すとよい。

問41 □□ 自動車を使用するときは、やさしい発進や加減速の少ない運転を心がけて環境に配慮したエコドライブに努める。

問42 □□ オートマチック車のチェンジレバーが「P」や「N」以外の位置にあるときは、アクセルペダルを踏まなくてもクリープ現象で車が動き出すことがあるので、注意しなければならない。

問43 □□ 大気汚染^{おせん}による光化学スモッグが発生しているときや発生が予測されるときは、自動車の運転を控^{ひか}えるべきである。

問33
右折するときでも一時停止の義務はなく、左折と同様に、徐行して通行します。
P50
ポイント 151

問34
125cc 以下の普通自動二輪車は、高速道路（高速自動車国道と自動車専用道路）を通行できません。
P60
ポイント 191

問35
雨の日は路肩が軟弱で崩れやすくなっているので、路肩を通行しないようにします。
P67
ポイント 213

問36
「初心者マーク」は、準中型自動車または普通自動車を運転するときに付けるものです。
P36
ポイント 093

問37
見通しのよし悪しにかかわらず、道路の曲がり角から5メートル以内の場所には駐停車してはいけません。
P57
ポイント 177

問38
必要に応じて警音器を鳴らし、自車の存在を知らせるようにします。
P67
ポイント 211

問39
一般原動機付自転車も、強制保険である自賠責保険または責任共済には加入しなければなりません。

ここで覚える

問40
警音器は鳴らさず、速度を落として歩行者の通行を妨げないようにします。
P42
ポイント 124

問41
環境に配慮したエコドライブは、地球温暖化の原因の1つでもある二酸化炭素の出る量を減らします。

ここで覚える

問42
オートマチック車はクリープ現象に注意して、停止時にはブレーキペダルを踏んでおきましょう。
P43
ポイント 125

問43
自動車の運転を控え、交通公害を未然に防ぐことも、運転者の責任です。
P21
ポイント 028

ココもチェック

まとめて覚える！

高速自動車国道を通行できない車

① ミニカー
② 小型二輪車（総排気量125cc 以下、定格出力1.0 キロワット以下の原動機を有する普通自動二輪車）
③ 一般原動機付自転車
④ 小型特殊自動車
⑤ 故障車などをけん引しているため、時速 50 キロメートル以上の速度で走行できない車
＊④と⑤は、自動車専用道路を通行することはできる。

違いをチェック！

車の保険とその種類

●強制保険
必ず加入しなければならない保険で、次の2種類がある。
●自動車損害賠償責任保険（自賠責保険）
●自動車損害賠償責任共済（責任共済）

●任意保険
任意で加入する保険で、次のようなものがある。
●対人賠償保険
●対物賠償保険
●車両保険、その他あり

本免模擬テスト　第2回

119

問44 □□ 運転中、携帯電話を手に持っての操作は禁止されているので、どうしても使用しなければならないときは、手を使わないハンズフリーの機能を利用するのがよい。

問45 □□ フットブレーキが故障したときは、すべてのブレーキが効かなくなるので、ハンドブレーキを使っても効果はない。

問46 □□ 高速道路の本線車道とは、走行車線、登坂車線、加速車線、減速車線のことである。

問47 □□ 車を運転するときは、みだりに進路を変えてはならないが、やむを得ず進路を変えるときは、バックミラーや目視で安全を確かめることが大切である。

問48 □□ 同一方向に3つ以上の車両通行帯があるときは、最も右側の車両通行帯は追い越しのためにあけておく。

問49 □□ 自動車検査標章の数字は、検査を受けた年月を示している。

問50 □□ 高速道路では、大型二輪免許か普通二輪免許を受けていれば、年齢や経験に関係なく、自動二輪車で二人乗りをすることができる。

問51 □□ 警察署長の交付する保管場所標章は、自動車の前面ガラスに貼り付けるのがよい。

問52 □□ 図5の標示は、駐車禁止を表している。

図5

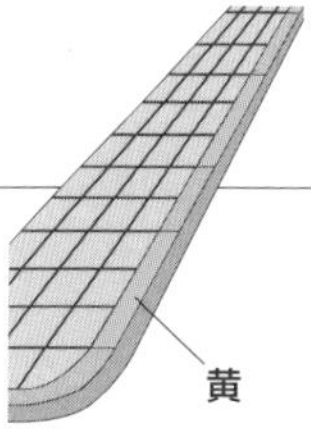

黄

問53 □□ トンネルを通行するときは、右側の方向指示器を出すか、非常点滅表示灯をつけながら走行するのがよい。

問54 □□ 一般原動機付自転車の積載装置に積むことができる積載物の幅は、積載装置の幅に左右それぞれ0.3メートルを加えた幅までである。

問44　○　運転中に携帯電話を使用するときは、<u>ハンズフリー</u>機能の付いた携帯電話を利用します。
P20　ポイント 023

問45　✕　フットブレーキ以外の<u>エンジンブレーキ</u>や<u>ハンドブレーキ</u>を使って減速します。
P68　ポイント 215

問46　✕　本線車道は通常、<u>高速走行</u>する部分で、<u>登坂車線</u>、<u>加速車線</u>、<u>減速車線</u>は、本線車道に含まれません。
P60　ポイント 190

問47　○　<u>バックミラー</u>や<u>目視</u>で十分安全を確かめ、安全を確認してから進路を変えます。
P53　ポイント 161

問48　○　最も<u>右側</u>の通行帯はあけておき、それ以外の通行帯を<u>速度</u>に応じて通行します。
P30　ポイント 075

問49　✕　検査標章の数字は、検査を<u>受けた</u>年月ではなく、<u>次の検査</u>の年月を示しています。
ここで覚える

問50　✕　高速道路で二人乗りするには、<u>20</u>歳以上で、かつ二輪免許を受けて<u>3</u>年以上の経験が必要です。
P61　ポイント 195

問51　✕　保管場所標章は、<u>前面ガラス</u>ではなく、<u>後面ガラス</u>に貼り付けます。
ここで覚える

問52　○　黄色の破線のペイントは「<u>駐車禁止</u>」を表し、車は<u>駐車</u>をしてはいけません。
P55　ポイント 166

問53　✕　進路変更や駐停車をしないのに、<u>方向指示器</u>や<u>非常点滅表示灯</u>をつけてはいけません。
P41　ポイント 121

問54　✕　積載装置の幅に、左右それぞれ <u>0.15</u> メートルを加えた幅までしかはみ出せません。
P28　ポイント 067

本免模擬テスト 第2回

ココも チェック

手順を覚える！

下り坂でブレーキが効かなくなったとき

①手早く減速チェンジをしてハンドブレーキをかける。
②停止しないときは、次のようにして車を止める。
●山側の溝に車輪を落とす。
●ガードレールに車体を寄せる。
●道路わきの砂利などに突っ込む。

まとめて覚える！

高速道路で二人乗りできる条件

● 20歳以上で、大型二輪免許を受けて3年以上の人が大型・普通自動二輪車を運転するとき。
● 20歳以上で、普通二輪免許を受けて3年以上の人が普通自動二輪車を運転するとき。
＊ただし、下記の標識（<u>大型自動二輪車及び普通自動二輪車二人乗り通行禁止</u>）がある場合は、二人乗りできない。

121

問55 □ □ 進路の前方に障害物がある場所で、反対方向から来る車より先にその場所を通過するため、速度を上げた。

問56 □ □ 自家用の大型自動車、中型自動車、準中型貨物自動車、660ccを超える普通貨物自動車、大型特殊自動車は、1日1回、運行する前に日常点検を行なわなければならない。

問57 □ □ 路面が乾燥していて、タイヤが新しい場合の高速道路での車間距離の目安は、時速100キロメートルでは約80メートル、時速80キロメートルでは約40メートルである。

問58 □ □ 前方の信号が黄色に変わった場合、停止位置で安全に停止できる場合でも、前方の交通量が少ないときは、加速してそのまま交差点を通過してもよい。

問59 □ □ 道路に面したガソリンスタンドなどに出入りするために歩道や路側帯を横切る場合は、歩行者がいてもいなくても、その直前で一時停止しなければならない。

問60 □ □ 図6の標示は、「自転車道」であることを表している。

図6

問61 □ □ 安全地帯がある停留所に路面電車が停止している場合、後方の車は、乗降客の有無にかかわらず、徐行して進むことができる。

問62 □ □ 仮運転免許で練習中の人が自動車を運転しているときは、その車の側方に幅寄せしたり、前方に無理に割り込んではいけない。

問63 □ □ 自動車は、上り坂の頂上付近やこう配の急な坂では、自動車や一般原動機付自転車を追い越すことが禁止されている。

問64 □ □ 二輪車を選ぶ場合、直線上を押して歩くことができれば、体格に合った車種といえる。

問65 □ □ 車両総重量が2,000キログラム以下の故障車を、ロープを使って、その3倍以上の車両総重量の車でけん引するときの一般道路での法定最高速度は、時速40キロメートルである。

問55 障害物がある側の車が一時停止か減速をして、対向車に道を譲ります。

P65
ポイント 204

 問56 設問の車両は、1日1回、運行前に日常点検を行わなければなりません。

P19
ポイント 018

 問57 おおむね速度と同等の距離をあける必要があります。時速 100 キロメートルでは約 100 メートル必要です。

 ここで覚える

 問58 停止位置で安全に停止できるときは、停止しなければなりません。

P22
ポイント 030

 問59 歩道や路側帯を横切るときは、歩行者の有無にかかわらず、その直前で一時停止して安全を確かめます。

P32
ポイント 079

 問60 図6の標示は「自転車道」ではなく、「自転車横断帯」を表し、自転車が道路を横断する場所を示します。

 ここで覚える

 問61 安全地帯がある場合は、乗降客の有無にかかわらず、徐行して進むことができます。

P34
ポイント 086

 問62 「仮免許練習中」の標識を付けた車に対する幅寄せや割り込みは、禁止されています。

P36
ポイント 092

 問63 頂上付近やこう配の急な下り坂での追い越しは禁止ですが、こう配の急な上り坂では、禁止されていません。

P48
ポイント 144・145

 問64 "8の字形"に押して歩いたり、またがったときに両足のつま先が届くかどうかも確認します。

 ここで覚える

 問65 設問の場合の法定最高速度は、時速 40 キロメートルです。

ここで覚える

ココも**チェック**

 まとめて覚える！

1日1回、運行前に日常点検しなければならない車

● タクシー、バスなどの事業用自動車
● レンタカー
● 自家用の次の自動車
① 大型自動車
② 中型自動車
③ 準中型貨物自動車
④ 普通貨物自動車（660cc以下のものを除く）
⑤ 大型特殊自動車

違いをチェック！

停止中の路面電車のそばを通るときの原則と例外

【原則】 後方で停止し、乗降客や横断する人がいなくなるまで待つ。
【例外】 次の場合は、徐行して進むことができる。
① 安全地帯があるとき（乗降客の有無にかかわらず）。
② 安全地帯がなく乗降客がいない場合で、路面電車と1.5メートル以上の間隔がとれるとき。

本免模擬テスト 第2回

123

問66 □□ 通学路の標識がある道路では、駐車車両のかげから子どもが急に飛び出してくることが予測されるので、特に注意して走行することが大切である。

問67 □□ 車両通行帯がある道路では、つねにあいている車両通行帯に移りながら通行することが、交通の円滑と危険防止になる。

問68 □□ 運転するときは、交通の円滑を図るためにも、歩行者より運転者の立場を尊重しなければならない。

問69 □□ 道路の左端に図7の標識があるときは、車の前方の信号が赤や黄色であっても、歩行者などまわりの交通に注意しながら左折することができる。

図7

問70 □□ 交差点を右折するとき、対向車が右折のため交差点の中心付近で停止している場合は、そのかげから直進車などが出てくることがあるので、十分注意が必要である。

問71 □□ 高速道路を走行中、故障により運転できなくなったときは、ギアをローかセカンドに入れ、セルモーターを使って路側帯に移動させるとよい（オートマチック車、一部のマニュアル車を除く）。

問72 □□ 片側ががけになっている転落のおそれがある道路で、安全に行き違うことができないときは、がけ側の車が安全な場所で一時停止して、反対側の車に進路を譲る。

問73 □□ 二輪車は体で安定を保って運転するので、正しい運転姿勢を保つことが安全運転をするうえで特に大切になる。

問74 □□ 交差点の中まで中央線や車両通行帯境界線が表示されている道路は、優先道路である。

問75 □□ 一般原動機付自転車の荷台には、60キログラムまで荷物を積むことができる。

問76 □□ 横断歩道の手前30メートル以内の場所で、前を走る自動車を追い抜いた。

問66 ⭕ 子どもの急な飛び出しを予測して、注意して走行します。
`ここで覚える`

問67 ❌ みだりに進路変更しながら運転するのは、危険なのでしてはいけません。
P31
`ポイント 077`

問68 ❌ 運転者より歩行者の立場を尊重し、保護して運転する必要があります。
`ここで覚える`

問69 ❌ 図7は「一方通行」の標識です。似ていますが、「左折可」の標示板ではありません。
P23
`ポイント 036`

問70 ⭕ 対向車のかげから直進してくる車には、十分注意しなければなりません。
`ここで覚える`

問71 ⭕ 車が動かなくなったときは、設問のようにして、路側帯に車を移動します。
`ここで覚える`

問72 ⭕ 転落のおそれがあるがけ側の車が一時停止して、対向車に道を譲ります。
P65
`ポイント 204`

問73 ⭕ 正しい運転姿勢を保つことが、安全運転につながります。
P44
`ポイント 129`

問74 ⭕ 交差点の中まで線が引かれているのは、優先道路であることを表します。
P40
`ポイント 113`

問75 ❌ 一般原動機付自転車に積める荷物の重量制限は、30キログラム以下です。
P28
`ポイント 067`

問76 ❌ 横断歩道の手前30メートル以内の場所では、追い越しだけでなく、追い抜きも禁止されています。
P35
`ポイント 089`

ココもチェック

📖 **まとめて覚える！**

車両通行帯がある道路を通行するときの注意点

- 追い越しなど、やむを得ないとき以外は、車両通行帯からはみ出したり、通行帯にまたがったりしてはいけない。
- 車両通行帯をみだりに変えてはいけない。後続車の迷惑になり、事故の原因になるので、できるだけ同一の通行帯を通行する。

📖 **まとめて覚える！**

行き違うときのルール

- 片側に危険ながけがあるときは、がけ側（谷側）の車が停止して対向車（山側）に道を譲る。
- 坂道では、下りの車が上りの車に道を譲る。
- 待避所があるときは、上り下りに関係なく、待避所がある側の車がそこに入って対向車に道を譲る。

問77 図8の標識がある道路は、特定小型原動機付自転車と自転車、特に認められた車以外の車は通行することができない。

図8

問78 二輪車でブレーキをかけるときは、前輪ブレーキはできるだけ使わずに、後輪ブレーキだけを使うのがよい。

問79 高速自動車国道の登坂車線で、時速40キロメートルで走行するのは、最低速度違反となる。

問80 大型自動二輪車や普通自動二輪車の荷台に荷物を積むときは、荷台の後方から30センチメートルまでならば、はみ出してもよい。

問81 標識で最高速度が時速20キロメートルと指定されているとき、自動車や一般原動機付自転車は、その速度を超えて運転することができない。

問82 エンジンオイルの量を点検するときは、エンジンをかけたまま、オイルを全体に回してから油量計で示された範囲内にあるか点検する。

問83 横断歩道に近づいたときは、横断する人や横断しようとしている人がいないことが明らかな場合でも、その手前で停止できるような速度で進まなければならない。

問84 図9の標識があるAの通行帯は、原則として「大貨等」しか通行することができない。

図9 A

問85 暑い季節に二輪車を運転するときは、体の露出部分が多いウェアを着用したほうが、疲労は少なく、安全運転につながる。

問86 自動車専用道路の法定最高速度は、一般道路と同じである。

問87 高齢者マークを付けている普通自動車は、70歳以上の人が運転していると考えてよい。

問77 「普通自転車等及び歩行者等専用」の標識がある道路は、普通自転車など通行できる車が限られています。 ○ ここで覚える

問78 片方だけではなく、前輪ブレーキと後輪ブレーキを同時に使用するのが基本です。 × P45 ポイント132

問79 登坂車線は本線車道ではないので、最低速度の適用はありません。 × P60 ポイント190

問80 荷台の後方から30センチメートル（0.3メートル）以内であれば、はみ出して積めます。 ○ P28 ポイント066

問81 設問の場所では、自動車や一般原動機付自転車は時速20キロメートル以下の速度で運転しなければなりません。 ○ P39 ポイント107

問82 エンジンオイルの量は、エンジンを止め、しばらくしてから点検します。 × ここで覚える

問83 明らかに横断する人、横断しようとする人がいない場合は、そのまま進行できます。 × P35 ポイント087

問84 図9は、大貨等（大型貨物自動車、特定中型貨物自動車、大型特殊自動車）がAの通行帯を通行することを表す標識です。 × ここで覚える

問85 露出が多いとかえって疲労し、転倒時にも危険です。長そで・長ズボンなど露出が少ない服装で運転します。 × P45 ポイント130

問86 自動車専用道路は高速道路ですが、法定最高速度は、一般道路と同じ時速60キロメートルです。 ○ P60 ポイント192

問87 高齢者マークは、70歳以上の人が普通自動車を運転するときに表示するマークです。 ○ P36 ポイント094

ココも **チェック**

 手順を覚える！

二輪車の正しいブレーキのかけ方

①ハンドルを切らない状態で車体を垂直に保つ。
②アクセルグリップを戻し、エンジンブレーキを使用する。
③前後輪ブレーキを同時に使用する。
④ブレーキを数回に分けて使用する（スリップ防止、後続車の追突防止）。

違いをチェック！

横断歩道に近づいたときの対処法

●横断する人が明らかにいない
そのまま進める。

●横断する人がいるかいないか明らかでない
停止できるような速度で進む。

●横断している、横断しようとしている人がいる
一時停止して歩行者に道を譲る。

問88 □□ 普通貨物自動車に荷物を積むときの高さ制限は、例外なく地上から 3.8 メートル以下である。

問89 □□ 高速道路で本線車道に合流するときは、本線車道を通行する車より加速車線を通行する車が優先する。

問90 □□ 下り坂を走行中にブレーキが効かなくなったときは、すぐ山側の溝にタイヤを落としたり、ガードレールに車体を寄せたりして車を止める。

問91 (1)(2)(3) (1)(2)(3) □□□ □□□
時速 30 キロメートルで進行しています。前方の交差点を右折するときは、どのようなことに注意して運転しますか？

(1)左前方の自動車は左折のために徐行しており、その車のかげから他の車が出てくるかもしれないので、左側にも注意しながら右折する。

(2)対向車は引き続き来ており、右折するのは難しいので、交差点に入ったら中心より先に出て、対向車に道を譲ってもらい右折する。

(3)車のかげから歩行者が横断するかもしれないので、左右を確認しながら進行する。

問92 (1)(2)(3) (1)(2)(3) □□□ □□□
時速 40 キロメートルで進行しています。どのようなことに注意して運転しますか？

(1)歩行者がバスのすぐ前を横断するかもしれないので、いつでも止まれるような速度に落とし、バスの側方を進行する。

(2)対向車の有無がバスのかげでよくわからないので、前方の安全を確かめてから、中央線を越えて進行する。

(3)バスを降りた人がバスの前を横断するかもしれないので、警音器を鳴らし、いつでもハンドルを右に切れるよう、注意して進行する。

問88 ✕ 三輪と総排気量 660cc 以下の普通自動車は、地上から 2.5 メートルを超えてはいけません。 P28 ポイント 065

問89 ✕ 加速車線の車は、本線車道を通行する車の進行を妨げてはいけません。 ここで覚える

問90 ✕ 手早く減速チェンジをしてハンドブレーキをかけ、それでも停止しなかったとき、設問のようにして車を止めます。 P68 ポイント 215

問91

(1) ◯ 左側の路地にも十分注意して右折します。

(2) ✕ 交差点の中心の手前で止まり、対向車が途切れるのを待ちます。

(3) ◯ 車の死角に歩行者が潜んでいるおそれがあります。

対向車の動向に注意！
（2）に対応

問92

(1) ◯ 速度を落とし、急な飛び出しに備えます。

(2) ◯ 前方の安全をよく確かめて進行します。

(3) ✕ 警音器は鳴らさず、速度を落として進行します。

バスのかげの歩行者に注意！
（1）に対応

問93

(1) (2) (3)　(1) (2) (3)
□ □ □　□ □ □

時速40キロメートルで進行しています。左側に駐車車両がある見通しが悪いカーブにさしかかりました。どのようなことに注意して運転しますか？

(1) 駐車車両でカーブの先が見えないので、対向車に注意しながら中央線を少しはみ出し、減速して進行する。

(2) 自転車が急に横断するかもしれないので、警音器で注意を促し、加速して通過する。

(3) 駐車車両のかげから歩行者が飛び出してくるかもしれないので、中央線を大きくはみ出して進行する。

問94

(1) (2) (3)　(1) (2) (3)
□ □ □　□ □ □

時速40キロメートルで進行しています。対向車線が渋滞しているときは、どのようなことに注意して運転しますか？

(1) 急に減速すると後続車から追突されるおそれがあるので、ブレーキを数回に分けて踏み、後続車に注意を促す。

(2) 対向車が突然右折するかもしれないので、その動きに注意して進行する。

(3) 歩行者は左側からだけでなく、右側の車のかげからも横断するかもしれないので、徐々に速度を落として、交差点の手前で一時停止する。

問95

(1) (2) (3)　(1) (2) (3)
□ □ □　□ □ □

時速50キロメートルで進行しています。後続車が追い越しをしようとしているときは、どのようなことに注意して運転しますか？

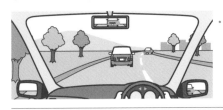

(1) 後続車は追い越し後、前車との間に入ってくるので、やや加速して前の車との車間距離をつめて進行する。

(2) 対向車が近づいており、追い越しは危険なので、やや加速して右側に寄り、追い越しをさせないようにする。

(3) 対向車が近づいており、後続車は自分の車の前に入ってくるかもしれないので、速度を落とし、前車との車間距離をあける。

130

問93

(1) ⭕ 対向車に十分注意しながら、<u>減速</u>して進行します。

(2) ❌ <u>警音器は鳴らさず</u>、<u>速度を落として</u>進行します。

(3) ❌ 対向車が接近してきて、自車と<u>衝突するおそれ</u>があります。

カーブの先の対向車に注意！
(3) に対応

問94

(1) ⭕ ブレーキを数回に分けて、<u>後続車からの追突</u>に備えます。

(2) ⭕ 対向車の<u>急な右折</u>に十分注意して進行します。

(3) ⭕ 対向車の<u>かげから出てくる歩行者</u>にも注意します。

車のかげの歩行者に注意！
(3) に対応

問95

(1) ❌ 後続車の行き場がなくなり、<u>対向車と衝突する</u>おそれがあります。

(2) ❌ <u>左側に寄って</u>、安全に追い越しができるようにします。

(3) ⭕ 速度を落とし、前車との<u>車間距離</u>をあけます。

車間距離と後続車の動向に注意！
(3) に対応

131

それぞれの問題について、正しいものには「○」、誤っているものには「×」で答えなさい。配点は、問1〜90が各1点、問91〜95が各2点（3問とも正解の場合）。

制限時間 **50**分 ｜ 合格点 **90**点以上

問1
□□
道路標識などにより路線バス等優先通行帯が指定されている通行帯を普通自動車で走行中、後方から路線バスが近づいてきたので、ほかの通行帯に進路を変えた。

問2
□□
大地震が発生したので、車を使ってできるだけ遠くに避難した。

問3
□□
狭い道路で前方にいる歩行者や自転車の行動が予測できないときは、ハンドルでかわせるように準備して走行する。

問4
□□
自動車に乗ってからドアを閉めるときは、少し手前で一度止め、力を入れて閉めるようにするのがよい。

問5
□□
パーキング・チケット発給設備がある時間制限駐車区間では、パーキング・チケットの発給を受けると、標識で表示されている時間は駐車することができる。

問6
□□
図1の灯火信号に対面した自動車は、他の交通に注意して徐行すれば、交差点に進入することができる。

図1
○○○
黄

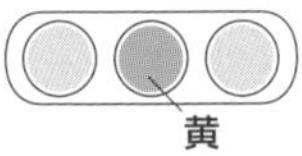

問7
□□
後輪が右に横滑りを始めたときは、ハンドルを右に切って車体の向きを立て直す。

問8
□□
後方から緊急自動車が近づいてきたとき、路線バス等の専用通行帯を路線バスが通行していたが、その車線に入って道路の左側に寄り、緊急自動車に進路を譲った。

問9
□□
横断歩道に近づいたときは、歩行者が明らかにいなくても徐行して通過しなければならない。

問10
□□
坂道では、上り坂のほうが発進が難しいので、下りの車が上りの車に道を譲るのが原則だが、近くに待避所があるときは、上りの車でも待避所に入って待つようにする。

132

ココも チェック

問1 〇　路線バス等優先通行帯では、その通行帯から出 ‥‥
て、路線バスに進路を譲ります。
P38
ポイント103

P38

 まとめて覚える!

「路線バス等優先通行帯」では

路線バス等、小型特殊自動車を除く自動車は、次のようにして進路を譲る。
①路線バス等が接近してきたら、すみやかにその通行帯から出る。
②交通が混雑していて出られなくなるおそれがあるときは、はじめからその通行帯を通行しない。

問2 ✕　車で避難すると、混乱を招くおそれがあるので、
やむを得ない場合を除き、車を使用し
ないようにします。
P70
ポイント225

問3 ✕　ハンドルでかわすより、まず速度を落として状
況を判断します。
ここで覚える
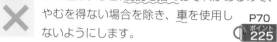

問4 〇　少し手前で一度止め、半ドアにならないように
力を入れて閉めます。
ここで覚える

問5 〇　チケットの発給を受ければ、標識の時間内で駐
車できます。
ここで覚える

問6 ✕　黄色の灯火信号に対面した自動車は、原則とし ‥‥
て停止位置から先へ進んではいけませ
ん。
P22
ポイント030

 違いをチェック!

黄色の灯火信号に対面したとき

【原則】　車や路面電車は、停止位置から先へ進めない。
【例外】　黄色の灯火に変わったとき、停止位置に近づきすぎていて、安全に停止することができない場合は、そのまま進める。

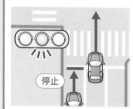
停止

問7 〇　後輪が滑ったほうにハンドルを切ります。設問
の場合は、ハンドルを右に切って、車
体の向きを立て直します。
ここで覚える

問8 〇　緊急自動車に進路を譲るときは、通行帯に従う
必要はなく、道路の左側に寄って進路
を譲ります。
ここで覚える
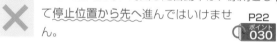

問9 ✕　歩行者が明らかにいないときは、そのまま進む
ことができます。
P35
ポイント087

問10 〇　近くに待避所がある場合は、上り下りに関係な
く、待避所がある側の車がそこに入っ
て道を譲ります。
P65
ポイント205

本免模擬テスト

第3回

問11 □□ 自動車の乗車定員は、12歳未満の子ども3人を大人1人として計算する。

問12 □□ 大型自動二輪車や普通自動二輪車は、道路標識などにより路線バス等の専用通行帯が指定されている道路でも、路線バス等の通行が少なければその通行帯を通行することができる。

問13 □□ 火災報知機から1メートル以内の場所は、駐車・停車ともに禁止されている。

問14 □□ 交通事故を見かけたら、負傷者を救護したり、事故車を移動させたりするなど、積極的に協力する心がけが大切である。

問15 □□ 長い下り坂を走行中にブレーキが効かなくなったときは、まずギアをニュートラルにするとよい。

問16 □□ 図2の標識がある場所では、一般原動機付自転車も時速50キロメートルで走行することができる。

図2
(50)

問17 □□ 徐行の標識がある場所で、走行中の速度を半分に落とした。

問18 □□ 二輪車でカーブを曲がるときは、車体を傾けると横滑りするおそれがあるので、車体を傾けずに、ハンドル操作だけで曲がるようにする。

問19 □□ 雪道を走行するとき、車が通った跡は滑りやすいので、できるだけ避けるようにしたほうがよい。

問20 □□ 高速道路では駐車や停車をしてはならないが、危険を防止するため一時停止するとき、故障などのため十分な幅の路側帯に車を止めるときは、駐停車することができる。

問21 □□ 助手席にエアバッグが備えられている車で、やむを得ず助手席に幼児を乗せるときは、座席をできるだけ前方に出してチャイルドシートを取り付けるとよい。

問11 12歳未満の子どもは、3人を大人2人として計算します。

P28
ポイント
068

 問12 自動二輪車は、右左折や工事などでやむを得ない場合を除き、路線バス等の専用通行帯を通行してはいけません。

P38
ポイント
102

問13 火災報知機から1メートル以内は駐車禁止場所なので、停車をすることはできます。

P55
ポイント
167

問14 交通事故の現場に居合わせたら、積極的に協力します。

ここで覚える

問15 ニュートラルにするとエンジンブレーキが活用できません。低速ギアに切り替え、エンジンブレーキを活用します。

P68
ポイント
215

問16 「最高速度時速50キロメートル」の標識があっても、一般原動機付自転車は時速30キロメートルを超えてはいけません。

P39
ポイント
108

問17 走行中の速度を半分に落としても徐行したことになりません。すぐ止まれるような速度で進まなければなりません。

P40
ポイント
111

問18 ハンドルだけで曲がると転倒(てんとう)のおそれがあります。車体を傾けることによって、自然に曲がる要領で通行します。

P45
ポイント
131

問19 雪道では、脱輪(だつりん)を防ぐため、できるだけ車が通った跡を選んで走行します。

P67
ポイント
212

問20 高速道路でも、設問のような場合は、駐停車することができます。

P61
ポイント
194

問21 座席をできるだけ後ろまで下げ、チャイルドシートを前向きに固定します。

ここで覚える

 ココもチェック

まとめて覚える!

路線バス等の「専用通行帯」では路線バス等、小型特殊自動車、一般原動機付自転車、軽車両以外の車は、専用通行帯を通行できない。ただし、次の場合は、通行できる。
●右左折をするため道路の右端、中央、左端に寄る場合。
●工事などでやむを得ない場合。

通行できる

 意味を確認!

「徐行」の意味

車がすぐ停止できるような速度で進むことをいう。「すぐ停止できるような速度」とは、次のような速度のこと。
●ブレーキを操作してから、おおむね1メートル以内で止まれるような速度。
●速度の目安は、時速10キロメートル以下。

本免模擬テスト

第3回

135

問22 ☐ ☐ 止まっている車のそばを通行するときは、車のかげから急に人が飛び出してくることがあるので、前車との車間距離を十分とって進行するのがよい。

問23 ☐ ☐ 警察官が交差点で両腕を頭上に上げる手信号をしているとき、身体の正面に対面する車は、右折または左折しかすることができない。

問24 ☐ ☐ 交差点の手前で緊急自動車が近づいてきたのを認めたので、交差点に入るのを避け、左側に寄って一時停止した。

問25 ☐ ☐ 自動車の速度制限や積載制限は、交通の円滑を図るだけで、交通公害を防止する意味はない。

問26 ☐ ☐ 図3の標識は、高速道路で用いられる案内標識である。

図3

4	横浜 Yokohama	11km
5	厚木 Atsugi	26km
	静岡 Shizuoka	153km

緑

問27 ☐ ☐ 交通整理が行われていない道幅が同じような交差点では、車は路面電車の進行を妨げてはならない。

問28 ☐ ☐ 横断歩道や自転車横断帯とその手前から30メートルの間は、追い越しは禁止されているが、追い抜きは禁止されていない。

問29 ☐ ☐ 初心者が二輪車を選ぶときは、体の大小にかかわらず、安定を保つため、排気量の大きいものにするとよい。

問30 ☐ ☐ 自動車の所有者が無免許の人に車を貸す行為はしてはならないが、酒を飲んだ人に車を貸すのは特に禁止されていない。

問31 ☐ ☐ 長距離運転をするときは、事前に運転計画を立てるより、そのときの交通の状況に応じて、そのつど運転コースを判断して走行するほうがよい。

問32 ☐ ☐ カーブを回るときは遠心力が働くが、二輪車より四輪車のほうがその影響を受けやすい。

問22 ○ 前車との車間距離を十分にとり、急な飛び出しに備えます。

ここで覚える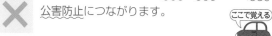

問23 ✕ 身体の正面に対面する車は、赤信号と同じ意味を表すので、車は進行してはいけません。 •••

P24 ポイント **038**

問24 ○ 交差点付近では、交差点を避け、道路の左側に寄って一時停止して、緊急自動車に進路を譲（ゆず）ります。

P37 ポイント **098**

問25 ✕ 速度制限や積載制限は、騒音や振動などの交通公害防止につながります。

ここで覚える

問26 ○ 図3の標識は「方面及び距離」の案内標識です。緑色の案内標識は、高速道路に関するものを表します。

P26 ポイント **057**

問27 ○ 交通整理が行われていない道幅が同じ交差点では、路面電車が先に通行できます。

P52 ポイント **160**

問28 ✕ 横断歩道や自転車横断帯とその手前から30 •••メートル以内は、追い越し・追い抜きともに禁止されています。

P35 ポイント **089**

問29 ✕ またがったときに両足のつま先が地面に届くなど、運転者の体格に合った車種を選びます。

ここで覚える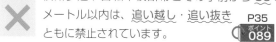

問30 ✕ 自動車の所有者は、酒を飲んだ人に車を貸してはいけません。

P16 ポイント **004**

問31 ✕ 事前に運転計画を立て、あらかじめコースを把握しておくことが大切です。

P16 ポイント **002**

問32 ✕ 同じ速度であれば、二輪車も四輪車も同等に遠心力が作用します。

ここで覚える

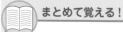
ココも チェック

📖 **まとめて覚える！**

警察官、交通巡視員の手信号・灯火信号の意味

●**腕を水平に上げている、灯火を横に振っているとき**
身体の正面に平行する交通は青色の灯火信号と同じ意味、対面・背面する交通は赤色の灯火信号と同じ意味。

●**腕や灯火を頭上に上げているとき**
身体の正面に平行する交通は黄色の灯火信号と同じ意味、対面・背面する交通は赤色の灯火信号と同じ意味。

📏 **違いをチェック！**

「追い越し」と「追い抜き」の違い

●**追い越し**
自車が進路を変えて、進行中の前車の前方に出ること。

●**追い抜き**
自車が進路を変えずに、進行中の前車の前方に出ること。

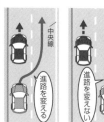

本免模擬テスト 第3回

問33 車両通行帯がある道路では、つねにあいている車両通行帯に移りながら通行することが、交通の円滑と危険防止になる。

□□

問34 交通事故を起こしたときは、最初に警察官に報告してから、負傷者の救護をする。

□□

問35 図4の標識がある場所は、特定小型原動機付自転車と自転車以外の車は通行できないが、歩行者は通行することができる。

図4

□□

問36 仮運転免許で、練習のために普通自動車を運転するときは、その車を運転できる第二種運転免許や、第一種運転免許を3年以上受けている者を横に乗せ、運転しなければならない。

□□

問37 夜間、一般道路に駐停車するとき、非常点滅表示灯などをつけずに、車の後方に停止表示器材を置いた。

□□

問38 高速道路の本線車道で、故障や燃料切れなどの理由により運転することができなくなったときは、近くの非常電話でレッカー車を呼ぶなどして、すみやかに移動しなければならない。

□□

問39 前方の信号が赤色の灯火と左向きの黄色の矢印を表示しているとき、自動車は矢印に従って左折することができない。

□□

問40 交通事故で頭部を負傷している場合、後続車による事故のおそれがないときは、その負傷者を動かさないほうがよい。

□□

問41 車を運転中、大地震が発生したときは、安全な方法で道路の左側に停止して、カーラジオで地震情報や交通情報を聞いてから、それに応じた行動をする。

□□

問42 二輪車は、体で安定を保ちながら走り、止まれば安定を失うといった構造上の特性があり、四輪車とは違う運転技術を必要とする。

□□

問43 走行中にタイヤがパンクしたときは、ハンドルをしっかり握り、車の方向を立て直すことに全力を傾け、アクセルペダルを戻して速度を落とし、断続的にブレーキをかける。

□□

138

問33 みだりに進路変更すると、<u>交通事故の原因に</u>なるおそれがあるのでしてはいけません。
✕
P31
ポイント
077

問34 交通事故を起こしたときは、<u>事故の続発を防止</u>し、<u>負傷者の救護</u>をしてから警察官に報告します。
✕
P69
ポイント
218

問35 図4は「特定小型原動機付自転車・自転車専用」で、特定小型原動機付自転車・自転車以外の車と歩行者は通行できません。
✕
ここで覚える

問36 仮運転免許の練習には、設問のような<u>有資格者</u>が同乗しなければなりません。
◯
ここで覚える

問37 停止表示器材を置けば、<u>非常点滅表示灯</u>、<u>駐車灯</u>または<u>尾灯</u>をつけずに駐停車できます。
◯
P66
ポイント
208

問38 故障車を本線車道に止めておくと<u>危険</u>なので、<u>レッカー車</u>を呼ぶなどして、すみやかに移動します。
◯
ここで覚える

問39 黄色の矢印信号は、<u>路面電車</u>に対するもので、<u>車や歩行者</u>は進むことができません。
◯
P23
ポイント
033

問40 交通事故で頭部を負傷している場合は、<u>むやみに動かさず</u>、<u>救急車の到着</u>を待ちます。
◯
ここで覚える

問41 あわてて行動せず、カーラジオなどで<u>地震情報</u>や<u>交通情報</u>を聞いてから行動します。
◯
P70
ポイント
221・222

問42 二輪車の特性を知り、四輪車とは違う<u>運転技術</u>を身につけることが安全運転につながります。
◯
P44
ポイント
128

問43 <u>ハンドル</u>をしっかり握り、<u>急ブレーキ</u>は避け、<u>安全な方法</u>で車を停止させます。
◯
P68
ポイント
217

種類を確認！

自転車に関する標識・標示（一例）

● 特定小型原動機付自転車・自転車通行止め

● 特定小型原動機付自転車・自転車専用

● 自転車横断帯

● 普通自転車専用通行帯

本免模擬テスト　第3回

問44
☐ ☐
車両通行帯が黄色の線で区画されている道路では、右折や左折のためであっても、黄色の線を越えて進路変更をしてはならない。

問45
☐ ☐
タクシーを修理工場まで回送する場合は、第二種運転免許を受けなければ運転することができない。

問46
☐ ☐
図5のような路側帯（ろそくたい）がある道路では、幅が広くても、車はその中に入って駐車や停車をすることはできない。

図5

車
道

問47
☐ ☐
荷台に荷物を積むときの幅は、貨物自動車であってもその幅を超えてはならない。

問48
☐ ☐
酒が出る会合や祝い事などに出席するときは、車を運転しないことが重要であり、運転者はつねにこのことを心がけておかなければならない。

問49
☐ ☐
高速道路を走行中、行き先に迷って本線車道で停止したり、突然進路を変えたりすると危険なので、あらかじめ計画を立てることが大切である。

問50
☐ ☐
消火栓（せん）の直前は、人の乗り降りのための停止もしてはならない。

問51
☐ ☐
自動車損害賠償（そんがいばいしょう）責任保険証明書は、交通事故を起こしたときに必要なものであるから、車の中には置かず、自宅で大切に保管しておく。

問52
☐ ☐
工事現場の鉄板や路面電車のレールが雨で濡（ぬ）れている場所での急ハンドルや急ブレーキは、横転（おうてん）や横滑（すべ）りしやすく危険である。

問53
☐ ☐
一般原動機付自転車でリヤカーをけん引（いん）するときの法定最高速度は、時速30キロメートルである。

問54
☐ ☐
大地震が発生したので、やむを得ず車を路肩（ろかた）に止めてエンジンを切り、盗難予防のためドアロックをして避難（ひなん）した。

問44 ⭕ 黄色の線は「進路変更禁止」を表し、右左折のためでも、その線を越えて進路変更してはいけません。

P53
ポイント 162

問45 ❌ タクシーを回送する場合は、旅客運送のための運転にはならないので、第一種運転免許で運転できます。

P17
ポイント 007

問46 ⭕ 図5は「駐停車禁止路側帯」を表し、中に入っての駐停車は禁止されています。

P59
ポイント 185

問47 ❌ 貨物自動車は、自動車の幅の 1.2 倍まで荷物を積むことができます。

P28
ポイント 065

問48 ⭕ 少しでも酒を飲んだら、絶対に車を運転してはいけません。

P16
ポイント 004

問49 ⭕ 本線車道で停止したり、進路を変えたりすることがないように、あらかじめ計画を立てることが大切です。

ここで覚える
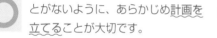

問50 ❌ 消火栓の直前は駐車禁止場所ですが、人の乗り降りのための停止は停車になるので止められます。

P55
ポイント 171

問51 ❌ 自賠責保険の証明書は、自宅に置かず、車の中に備えつけておかなければなりません。

P16
ポイント 001

問52 ⭕ 設問の場所はとても滑りやすいので、急ブレーキや急ハンドルは危険です。

ここで覚える
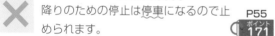

問53 ❌ リヤカーをけん引した一般原動機付自転車の法定最高速度は、時速 25 キロメートルです。

ここで覚える

問54 ❌ だれでも移動できるように、ドアロックはしないでエンジンキーは付けたままとするか運転席などに置いて避難します。

P70
ポイント 224

ココもチェック

📖 まとめて覚える！

第二種運転免許が必要な場合

● 乗合バス、タクシーなどの旅客自動車を、旅客運送のために運転（営業運転）しようとする場合。

＊タクシーなどを営業所に回送運転する場合は、第一種運転免許で運転できる。

● 代行運転自動車である普通自動車を運転しようとする場合。

📖 まとめて覚える！

5メートル以内の駐車禁止場所

● 道路工事の区域の端から5メートル以内の場所。

● 消防用機械器具の置場、消防用防火水槽、これらの道路に接する出入口から5メートル以内の場所。

● 消火栓、指定消防水利の標識が設けられている位置や、消防用防火水槽の取入口から5メートル以内の場所。

本免模擬テスト

第3回

問55 対向車のライトがまぶしくて一瞬前が見えなくなる「げん惑(わく)」の状態になったときは、しばらく目を閉じて運転するのがよい。

問56 1人で歩いている子どものそばを通るときは、徐行(じょこう)ではなく、必ず一時停止しなければならない。

問57 図6の標示がある道路を通行する車は、前方の交差(さまた)する道路を通行する車の進行を妨げてはならない。

図6

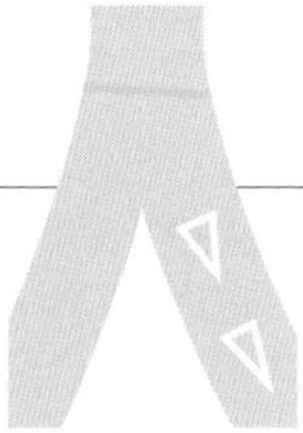

問58 運転者は、シートベルトを助手席に乗せる人には着用させなければならないが、後部座席に乗せる人には着用させる義務はない。

問59 自家用の普通乗用車は、走行距離や運行時の状況によって適切な時期に点検整備をする日常点検のほかに、1年に1回、定期点検整備をしなければならない。

問60 対向車と正面衝突(しょうとつ)のおそれが生じたときは、警音器(けいおんき)とブレーキを同時に使い、できる限り左側に避け、衝突の寸前まであきらめないで、少しでもブレーキとハンドルでかわすようにする。

問61 二輪車で短い距離を運転するときや、ひんぱんに乗り降りするときは、乗車用ヘルメットをかぶらなくてもよい。

問62 高速道路を走行中は、タイヤが高速回転するため熱を帯びて膨張(ぼうちょう)し、タイヤの空気圧が高くなるため、事前に規定の空気圧よりやや低めにするのがよい。

問63 交通事故を起こしたとき、気持ちを落ちつけるため、現場でたばこを吸って警察官の到着を待った。

問64 路面電車を追い越すときは、その右側を通行するのが原則である。

問65 自動車の排気ガスの中には、一酸化炭素、炭化水素、窒素酸化(ちっそ)物など、人体に有害(ゆうがい)な物質が含まれており、これらの排出ガスの排出が大気を汚染(おせん)する原因の1つとなっている。

問55 ✕ 視点をやや左前方に移して、目がくらまないようにします。
P66
ポイント 209

問56 ✕ 必ず一時停止ではなく、徐行か一時停止をして、子どもが安全に通行できるようにします。 •••
P36
ポイント 090

問57 ◯ 図6は「前方優先道路」の標示です。標示側の車は、交差道路の車の進行を妨げてはいけません。
P27
ポイント 062

問58 ✕ シートベルトは、助手席に乗せる人にはもちろん、後部座席に乗せる人にも着用させなければなりません。
P25
ポイント 050

問59 ◯ 日ごろから日常点検を行うほか、1年に1回、定期点検も行います。
P19
ポイント 021

問60 ◯ まず設問のようにし、道路外が安全な場所であれば、そこに出て衝突を回避(かいひ)します。
P68
ポイント 216

問61 ✕ 二輪車を運転するときは、どんな場合も乗車用ヘルメットを着用しなければなりません。 •••
P45
ポイント 130

問62 ✕ 高速道路を走行するときは、空気圧をやや高めにします。
ここで覚える

問63 ✕ 交通事故の現場は、ガソリンが流れ出ていることがあり、危険なのでたばこは吸わないようにします。
P69
ポイント 220

問64 ✕ 路面電車を追い越すときは、軌道(きどう)が左端に寄って設けられているときを除き、その左側を通行します。
P46
ポイント 136

問65 ◯ 自動車の排気ガスには人体に有害な物質が含まれていて、大気汚染の原因の1つになっています。
ここで覚える

ココも チェック

📖 **まとめて覚える！**

一時停止か徐行が必要な歩行者

車は、次のような人が安全に通行できるように、保護しなければならない。

● 1人で歩いている子ども。
● 身体障害者用の車いすの人。
● 白か黄のつえを持った人。
● 盲導犬を連れた人。
● 通行に支障がある高齢者など。

📖 **まとめて覚える！**

ヘルメットの選び方と正しい着用法

● PS (c) か JISマークの付いた安全な乗車用ヘルメットをかぶる。
● 工事用安全帽は乗車用ヘルメットではないのでダメ。
● 自分の頭のサイズに合ったものを選ぶ。
● あごひもを確実に締め、正しく着用する。

問66 □□ 図7の標示がある道路では、自動車は時速30キロメートルを超える速度で走行しなければならない。

図7

30

黄

問67 □□ 車両通行帯がないトンネルでは、追い越しのため、進路を変えたり、前車の側方を通過したりしてはならない。

問68 □□ 車を運転するときの履き物は、自分で運転しやすいものでよく、げたやハイヒールでもかまわない。

問69 □□ 交差点内でエンジンがかからなくなったときは、低速ギアに入れ、セルモーターを使って車を動かすことができる（オートマチック車、クラッチスタートシステム装備車を除く）。

問70 □□ 交通量の少ない夜間でも、道路の同じ場所に引き続き8時間以上駐車してはならない（特定の村の指定された区域内を除く）。

問71 □□ 自動車や一般原動機付自転車は、特に認められた場合以外は歩行者専用道路を通行できないが、軽車両はいつでも通行することができる。

問72 □□ 踏切を通過するときは、その直前で一時停止しなければならないが、踏切の信号機が青色を表示しているときは、信号に従って通過することができる。

問73 □□ 他の交通の正常な通行を妨げるおそれがあるときは、標識や標示で禁止されていなくても、転回してはならない。

問74 □□ 左側部分の幅が6メートル以上ある道路でも、標識で禁止されていなければ、右側部分にはみ出して追い越しをしてもかまわない。

問75 □□ 図8の標識は、横断歩道と自転車横断帯が接近して設けられていることを示している。

図8

問76 □□ 駐車場や車庫などの出入口から3メートル以内の場所には駐車をしてはならないが、自宅の車庫の出入口であれば駐車することができる。

144

問66 ✕ 図7は「最高速度時速30キロメートル」を表し、時速30キロメートル以下の速度で走行しなければなりません。 P39 ポイント108

問67 〇 車両通行帯がないトンネルは、追い越し禁止場所です。車両通行帯がある場合は、追い越し禁止ではありません。 P49 ポイント146

問68 ✕ げたやハイヒールなど、運転操作の妨げになる履き物で運転してはいけません。 P25 ポイント052

問69 〇 交差点内でエンストしてエンジンがかからなくなったときは、設問のように車を移動することができます。 ここで覚える

問70 〇 夜間は8時間、昼間は12時間以上、道路の同じ場所に引き続き駐車してはいけません。 ここで覚える

問71 ✕ 歩行者専用道路は、原則として歩行者しか通行できないので、軽車両も通行できません。 P33 ポイント081

問72 〇 踏切の信号機が青色を表示しているときは、一時停止しないで通過できます。 P63 ポイント198

問73 〇 歩行者や他の車などの正常な通行を妨げるおそれがあるときは、転回してはいけません。 P53 ポイント163

問74 ✕ 6メートル以上の道路では、右側部分にはみ出して追い越しをしてはいけません。 P31 ポイント076

問75 〇 図8は「横断歩道・自転車横断帯」の標識で、横断歩道と自転車横断帯であることを表しています。 ここで覚える

問76 ✕ 自宅の車庫の出入口であっても、駐車場などの出入口から3メートル以内の場所には駐車してはいけません。 P55 ポイント168

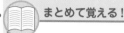

ココも チェック

📖 まとめて覚える！

トンネル内で禁止されていること

● 追い越し禁止（車両通行帯がある場合を除く）。
● 駐停車禁止（車両通行帯の有無にかかわらず）。

～ 中央線

✋ 手順を覚える！

踏切の通過方法

① 止まれ！…踏切の直前（停止線があるときは、その直前）で一時停止する。
② 見よ！…左右の安全を確かめる。
③ 聞け！…列車が接近してこないか音を聞く。

問77 □□ 上り坂で前車に続いて停止するときは、できるだけ接近して前車の動向を確認することが大切である。

問78 □□ 一般原動機付自転車のエンジンを切って押して歩いても、歩道や横断歩道を通行してはならない。

問79 □□ タイヤのウェア・インジケータは、空気圧を見るものである。

問80 □□ 普通自動車のシートの背は、ハンドルに両手をかけたとき、ひじがまっすぐ伸びきる状態に合わせる。

問81 □□ 高速道路を走行中、荷物が転落したため、その物を除去する必要があるときは、非常電話を利用して荷物の除去を依頼する。

問82 □□ 速度指定がない一般道路での大型貨物自動車の最高速度は、時速50キロメートルである。

問83 □□ 交通整理が行われていない道路の交差点では、つねに左方から来る車や路面電車が優先する。

問84 □□ ぬかるみや水たまりがあるところを通行するときは、泥や水をはねて他人に迷惑をかけないようにしなければならない。

問85 □□ 図9の標示内は、通過することはできるが、停止してはならない。

図9

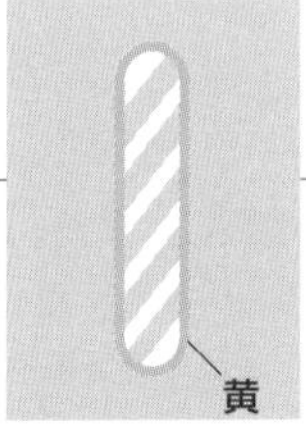

黄

問86 □□ 前方で幼稚園児が列になって歩いていたので、その横を徐行して通過した。

問87 □□ 空気圧が低いタイヤで高速走行を続けると、波打ち現象が現れ、タイヤが過熱して破裂するおそれがあるので、高速道路を通行するときは、空気圧をやや高めにする。

問77 ✕ 前車に接近して停止すると、前車が後退して衝突する危険があります。
P65
ポイント 203

問78 ✕ エンジンを切って押して歩けば歩行者として扱われるので、歩道や横断歩道を通行できます（けん引時を除く）。
P32
ポイント 080

問79 ✕ ウェア・インジケータは、タイヤの溝の深さを見るもので、「スリップ・サイン」とも呼ばれます。
ここで覚える

問80 ✕ シートの背は、ハンドルに両手をかけたとき、ひじがわずかに曲がる状態に合わせます。
P25
ポイント 045

問81 ◯ 高速道路では自分で除去するのは危険なので、安全のため、非常電話を利用して除去を依頼します。
ここで覚える

問82 ✕ 一般道路での自動車の法定最高速度は、すべて時速 60 キロメートルです（けん引時を除く）。
P39
ポイント 106

問83 ✕ 優先道路を通行している場合や、幅が広い道路を通行している場合などでは、それらの道路の交通が優先します。
P52
ポイント 158・159

問84 ◯ 通行している人に泥や水をはねないように、速度を落とすなどして通行しなければなりません。
P67
ポイント 213

問85 ✕ 図9は「立入り禁止部分」を表し、中に入ってはならないことを示しています。
P27
ポイント 061

問86 ◯ 園児の急な飛び出しに備え、徐行して通過するのが安全です。
ここで覚える

問87 ◯ 設問のような「スタンディングウェーブ現象」を防止するため、高速走行時にはタイヤの空気圧をやや高めにします。
ここで覚える

ココもチェック

👆 手順を覚える！

一般原動機付自転車が「歩行者」と見なされるときの条件

①エンジンを止める。
②一般原動機付自転車から降りる。
③押して歩く。
＊けん引していない場合

歩行者

📏 違いをチェック！

交通整理が行われていない交差点の通行方法

①交差する道路が優先道路のときや、交差する道路の道幅が広いとき

➡徐行して交差する道路の車や路面電車の進行を妨げない。

②交差する道路の道幅が同じとき

➡左方から来る車の進行を妨げない。

③交差する道路の道幅が同じで路面電車が進行しているとき

➡路面電車の進行を妨げない。

問88 □ □ 高速自動車国道の本線車道での大型自動車の法定最高速度は、乗用も貨物も時速100キロメートルである。

問89 □ □ 自動車や一般原動機付自転車を運転するときは、強制保険か任意保険のどちらかに加入しなければならない。

問90 □ □ 進行方向の信号が赤色の灯火の点滅を表示している場合、車は交差点の安全を確認しながら、徐行して通行しなければならない。

問91

(1) (2) (3)　(1) (2) (3)
□ □ □　□ □ □

時速30キロメートルで進行しています。交差点で右折しようとするとき、トラックの運転手が手を振り、道を譲ってくれました。どのようなことに注意して運転しますか？

(1)後方の二輪車が対向車と自分の車の間に入ってくるかもしれないので、中央線をはみ出して通行する。

(2)右から出てこようとする二輪車は、自車の右折を待ってくれると思うので、急いで右折する。

(3)トラックの側方から二輪車が出てくるかもしれないので、注意して右折する。

問92

(1) (2) (3)　(1) (2) (3)
□ □ □　□ □ □

時速40キロメートルで進行しています。後続車があり、前方にタクシーが走行しているときは、どのようなことに注意して運転しますか？

(1)人が手を上げているため、タクシーは急に止まると思われるので、その側方を加速して通過する。

(2)急に減速すると、後続車に追突されるおそれがあるので、そのままの速度で走行する。

(3)タクシーは左合図を出しておらず、停止するとは思われないので、そのままの速度で進行する。

148

問88 ✕ 大型乗用自動車は時速 100 キロメートルですが、大型貨物自動車の法定最高速度は時速 80 キロメートルです。

P60
ポイント
192

問89 ✕ 任意保険の加入は任意ですが、強制保険（自賠責保険または責任共済）には加入しなければなりません。

ここで覚える

問90 ✕ 赤色の点滅信号では、停止位置で一時停止して、安全を確かめてから進行しなければなりません。

P23
ポイント
034

問91

(1) ✕ 中央線をはみ出して通行してはいけません。

. . . .

(2) ✕ 二輪車は、自車に気づかず出てくるおそれがあります。

. . . .

(3) ○ トラックの側方にも十分注意して右折します。

問92

(1) ✕ タクシーに客が乗っている場合、急に止まるとは限りません。

. . . .

(2) ✕ 前のタクシーが急に減速して、追突するおそれがあります。

. . . .

(3) ✕ タクシーは、客を乗せるために急に止まるおそれがあります。

右側から来る二輪車の動向に注意！
(2) に対応

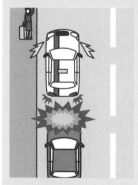

前を走るタクシーの急停止に注意！
(3) に対応

本免模擬テスト　第3回

149

問93 (1) (2) (3) □ □ □ (1) (2) (3) □ □ □

高速道路を時速80キロメートルで進行しています。どのようなことに注意して運転しますか？

(1)前方のトラックで前の様子がわからないので、速度を落とし、車間距離を十分とる。

……………………………………………………………

(2)自分の車は右前方の乗用車のバックミラーの死角になっているかもしれないので、アクセルを少し戻してその死角から出る。

……………………………………………………………

(3)高速道路は速度超過になりやすいので、速度計を確認して走行する。

問94

夜間、雪道を走行しています。どのようなことに注意して運転しますか？

(1)このまま進行すると歩行者と接触する危険があるので、道路の右側に寄って進行する。

……………………………………………………………

(2)歩行者は、自分の車の接近に気づいていないので、前照灯を上向きにして進行する。

……………………………………………………………

(3)夜間は雪が凍結して滑りやすいので、徐々に速度を落とし、歩行者の手前でいったん止まる。

問95

時速50キロメートルで進行しています。後方から緊急自動車が接近しているときは、どのようなことに注意して運転しますか？

(1)緊急自動車が自分の車を追い越したあと、元の車線に戻れるように速度を落とし、前車との車間距離をあけておく。

……………………………………………………………

(2)車間距離があいている左側の車の前にすばやく進路を変更し、緊急自動車に進路を譲る。

……………………………………………………………

(3)左側の車の後ろに進路を変更し、減速して進行する。

問 93

(1) ○ 十分な車間距離をとって進行します。

. . . .

(2) ○ 他車の死角に入らない位置を選んで走行することも大切です。

. . . .

(3) ○ 速度計で速度を確認しながら走行します。

前を走るトラックとの車間距離に注意！
(1) に対応

問 94

(1) ✕ 対向車と衝突するおそれがあります。

. . . .

(2) ✕ 対向車がいるのでライトを上向きにしてはいけません。

. . . .

(3) ○ 歩行者の手前で止まるのが最も安全な方法です。

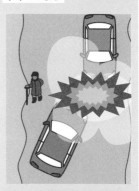

対向車と歩行者の位置に注意！
(1) に対応

問 95

(1) ✕ 左側の車線に移って、緊急自動車に進路を譲ります。

. . . .

(2) ✕ すぐ左側を走行している車に接触するおそれがあります。

. . . .

(3) ○ 十分に安全を確かめ、左側の車線に寄って進路を譲ります。

左車線を走る車に注意！
(2) に対応

本免
模擬テスト
第4回

それぞれの問題について、正しいものには「○」、誤っているものには「×」で答えなさい。配点は、問1～90が各1点、問91～95が各2点（3問とも正解の場合）。

制限時間	合格点
50分	90点以上

問1 □□

前方の交差する道路が優先道路である場合は、徐行(じょこう)するとともに、交差する道路を通行する車や路面電車の進行を妨(さまた)げてはいけない。

問2 □□

二輪車のエンジンブレーキは四輪車に比べて効果が低いので、ギアをいきなりローギアに入れるとよい。

問3 □□

夜間、街路照明がついている明るい道路では、前照灯(ぜんしょうとう)をつけずに運転してもよい。

問4 □□

路面電車の運行が終了したので、軌道敷内(きどうしきない)に車を止めた。

問5 □□

正しい運転姿勢(しせい)をとるためのシートの前後の位置は、クラッチペダルを踏み込んだとき、ひざが伸びきる状態に合わせるのがよい。

問6 □□

車に乗り降りするときは、交通量が多いところでは左側のドアから行うようにする。

問7 □□

荷物の積みおろしのために車が10分間停止する行為は、駐車にはならない。

問8 □□

図1の標識がある道路は、一般原動機付自転車の通行は禁止されているが、自動二輪車は総排気量にかかわらず通行することができる。

図1

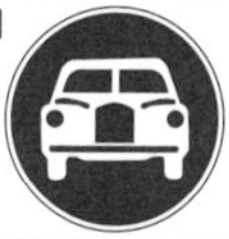

問9 □□

二輪車で走行中にパンクしたときは、できる限り早く止めるため急ブレーキをかけるとよい。

問10 □□

長距離運転で疲れたときは、体を斜めにして運転するのがよい。

を当てながら解いていこう。間違えたら  を再チェック!

問1 ○
優先道路を通行する車や路面電車の進行を妨げてはいけません。
P52
ポイント **158**

問2 ×
いきなりローギアに入れると、急激にエンジンブレーキが効いて危険です。
ここで覚える

問3 ×
周囲が明るくても、夜間は前照灯などをつけて運転しなければなりません。
P66
ポイント **206**

問4 ×
軌道敷内は、運行時間にかかわらず、終日駐停車禁止場所です。
P56
ポイント **173**

問5 ×
シートの前後の位置は、クラッチペダルを踏み込んだとき、ひざがわずかに曲がる状態に合わせます。
P25
ポイント **046**

問6 ○
車道側は後続車があり危険ですので、左側のドアから乗り降りするほうが安全です。
ここで覚える

問7 ×
5分を超える荷物の積みおろしのための停止は、駐車に該当します。
P54
ポイント **164**

問8 ×
図1は高速道路を表す「自動車専用」の標識で、総排気量125cc以下の普通自動二輪車は通行できません。
P60
ポイント **189・191**

問9 ×
急ブレーキは避け、ハンドルをしっかり握って断続的にブレーキをかけ、徐々に速度を落とします。
ここで覚える

問10 ×
疲労の軽減や確実な操作をするために、正しい姿勢で運転します。
P25
ポイント **042・044**

ココもチェック

 まとめて覚える!

「優先道路」の標識・標示

● 優先道路

● 前方優先道路

徐行 SLOW

前方優先道路

* 交差点内まで、中央線や車両通行帯境界線が引かれた道路は、標識がなくても優先道路。

 違いをチェック!

荷物の積みおろしは5分がポイント!

● 5分以内の荷物の積みおろしは「停車」になる。
● 5分を超える荷物の積みおろしは「駐車」になる。
* 人の乗り降り…時間にかかわらず「停車」。
* 人待ち、荷物待ち…時間にかかわらず「駐車」。
* 故障による停止…「駐車」。

問11
□ □
高速道路のトンネルや切り通しの出口などは、横風のためにハンドルを取られることがあるので、注意して通行しなければならない。

問12
□ □
車から離れるときは、エンジンキーを携帯し、窓を確実に閉めてドアロックをし、ハンドルの施錠装置などを作動させ、盗難防止措置をとらなければならない。

問13
□ □
車両通行帯がある道路では、みだりに通行帯を変えながら通行すると、後続車の迷惑となったり事故の原因になったりするので、同一の車両通行帯を通行する。

問14
□ □
子どもが1人で歩いているそばを通るときは、必ず一時停止して安全に通行させなければならない。

問15
□ □
二輪車は、機動性に富んでいて小回りがきくので、交通が渋滞しているときは、車と車の間をぬうように運転するのがよい。

問16
□ □
標識により追い越しが禁止されているところでは、自動車が一般原動機付自転車を追い越すことも禁止されている。

問17
□ □
図2のような交通整理が行われていない道路の交差点では、普通自動車は一般原動機付自転車の進行を妨げてはならない。

図2
普通自動車　広い　狭い
一般原動機付自転車

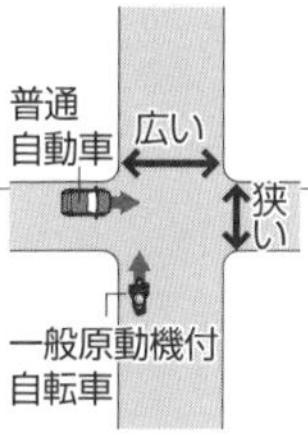

問18
□ □
交差点を右折するとき、矢印などの標示で通行方法が指定され、その方法に従って通行する場合は、徐行する必要はない。

問19
□ □
高速道路の本線車道を走行するときは、左側の白線を目安にして、車両通行帯のやや左寄りを通行するとよい。

問20
□ □
二輪車を選ぶとき、平地でセンタースタンドを立てることはできなかったが、"8の字型"に押して歩けたので、体格に合っていると思い、この車種に決めた。

問21
□ □
踏切内では、エンストを防止するため、発進したときの低速ギアのまま一気に通過するのがよい。

問11 ⭕ トンネルや切り通しの出口などでは、ハンドルをしっかり握り、ふらつかないように注意しましょう。 ここで覚える

問12 ⭕ 車が盗まれないように設問のような措置をして車から離れます。 P59 ・・・ ポイント 188

問13 ⭕ みだりに進路を変えながら通行してはいけません。 P31 ポイント 077

問14 ❌ 1人で歩いている子どものそばは、徐行か一時停止をして、安全に通行させます。 P36 ポイント 090

問15 ❌ 二輪車でも、車の間をぬって走ったり、みだりに進路変更したりしてはいけません。 P31 ポイント 077

問16 ⭕ 追い越し禁止場所では、一般原動機付自転車でも、追い越してはいけません。 ここで覚える

問17 ⭕ 普通自動車は、幅が広い道路を通行する一般原動機付自転車の進行を妨げてはいけません。 P52 ポイント 159

問18 ❌ 通行方法が指定されていても、交差点を右折するときは、徐行しなければなりません。 P50 ・・・ ポイント 151

問19 ⭕ 追い越されるときに間隔をあけられるように、車両通行帯のやや左寄りを通行します。 ここで覚える

問20 ❌ 平地でセンタースタンドを立てることができない二輪車は、体格に合っていないので、ほかの車種を選ぶようにします。 ここで覚える

問21 ⭕ 変速するとエンストするおそれがあるので、低速ギアのまま一気に通過します。 P62 ポイント 196

ココもチェック

まとめて覚える！

車から離れるときの措置

①危険防止のための措置
● エンジンを止め、ハンドブレーキをかける。
● 平地や下り坂ではギアを「バック」、上り坂ではギアを「ロー」に入れる。オートマチック車は、チェンジレバーを「Ｐ」に入れる。
● 坂道では輪止めをする。

②盗難防止のための措置
● エンジンキーを携帯する。
● 窓を閉め、ドアロックをする。
● ハンドルの施錠装置などを作動させる。
● 貴重品などは持ち出す。残すときは、トランクに入れて施錠する。

まとめて覚える！

「右折の方法」の標示

矢印に従って右折する。

問22
□□
ミニカーは普通自動車になるので、高速道路を通行することができる。

問23
□□
自動車を運転する前には、有効な自動車検査証や強制保険の証明書が備えつけてあるか、確かめることが大切である。

問24
□□
総排気量400ccの自動二輪車は、大型二輪免許がないと運転することができない。

問25
□□
図3の標識の区間内を走行中、交差点にさしかかったが、見通しがよかったので、警音器(けいおんき)を鳴らさずに通行した。

図3

問26
□□
時速80キロメートルで走行している普通乗用車の停止距離は、新しいタイヤ、乾燥(かんそう)したアスファルト道路の場合で、80メートル程度となる。

問27
□□
二段階右折が指定された交差点で右折する一般原動機付自転車は、左端が左折レーンであっても、その車線を通って交差点の向こう側まで進まなければならない。

問28
□□
転回するときの合図の時期は、転回しようとする約3秒前である。

問29
□□
高速道路の分岐点(ぶんきてん)で行き先を間違えて行き過ぎたので、後方の安全を確認しながら本線車道で後退した。

問30
□□
一般原動機付自転車は高速自動車国道を通行できないが、自動車専用道路は通行することができる。

問31
□□
荷物が分割(ぶんかつ)できないため、積載物の長さが規定を超える場合は、出発地の警察署長の許可を受ければ積載して運転できる。

問32
□□
前車を追い越すときは、前車が右折するため道路の中央(一方通行路では右端)に寄って通行している場合を除き、その右側を通行しなければならない。

ココも チェック

問22 ✕ ミニカーは<u>普通自動車</u>ですが、<u>高速道路（高速自動車国道と自動車専用道路）</u>を通行できません。　P60　ポイント **191**

問23 ◯ 運転前に、有効な<u>自動車検査証</u>や<u>強制保険（自賠責保険または責任共済）の証明書</u>を備えてあるか確認します。　P16　ポイント **001**

問24 ✕ 総排気量 400ccの自動二輪車は<u>普通自動二輪車</u>になるので、普通二輪免許でも運転できます。　P17・18　ポイント **006・013**

問25 ◯ 「<ruby>警笛<rt>けいてき</rt></ruby>区間」の区間内の交差点で警音器を鳴らすのは、<u>見通しのきかない</u>場合です。　P42　ポイント **123**

問26 ◯ 時速 80 キロメートルで走行中の普通乗用車の停止距離は、約 80 メートル程度です。（ここで覚える）

問27 ◯ 一般原動機付自転車は道路の<u>左端</u>に寄って通行しなければならないので、<u>左折レーン</u>を通って直進します。（ここで覚える）

問28 ✕ 転回の合図は、転回しようとする 30 メートル手前の地点に達したときに行います。　P41　ポイント **118**

問29 ✕ 高速道路の本線車道では、安全が確認できても<u>後退</u>してはいけません。　P61　ポイント **193**

問30 ✕ 一般原動機付自転車は、<u>高速自動車国道も自動車専用道路も</u>通行できません。　P60　ポイント **191**

問31 ◯ <u>出発地の警察署長の許可</u>を受ければ、規定を超える荷物を積載することができます。（ここで覚える）

問32 ◯ 車を追い越すときは、原則として前車の<u>右側</u>を通行します。　P46　ポイント **135**

まとめて覚える！

運転するときに必要なもの

● 運転免許証（その車を運転できる免許証）。
● メガネやコンタクトレンズなど（免許証に条件が記載されている人のみ）。
● 強制保険の証明書（自賠責保険または責任共済）。
● 有効な自動車検査証。

 種類を確認！

合図を行う時期の違い

● **左折・右折・転回**
左折、右折、転回しようとする 30 メートル手前の地点。

● **左側・右側への進路変更**
左側、右側に進路変更しようとする約 3 秒前。

● **徐行・停止**
徐行、停止しようとするとき。

● **後退**
後退しようとするとき。

問33 □ □ 前方がカーブになっている道路では、カーブの手前の直線部分で十分減速することが大切である。

問34 □ □ 図4の標識があるところでは、公安委員会から専用場所駐車標章の交付を受けていない者は、駐車してはならない。

図4

P

標章車専用

問35 □ □ 高速道路で眠気をもよおしたときは、路側帯（ろそくたい）に駐車して休むとよい。

問36 □ □ 交通事故を起こしても、相手との間で話し合いがつけば、警察官に報告しなくてもよい。

問37 □ □ 二輪車でカーブを走行するときは、ハンドルを切りながらクラッチを切り、惰力（だりょく）で曲がるとよい。

問38 □ □ 総排気量が90ccの二輪車の一般道路での法定最高速度は、一般原動機付自転車と同様に時速30キロメートルである。

問39 □ □ 二輪車を運転するときは乗車用ヘルメットをかぶり、あごひもを確実に閉めるなど正しい方法で着用する。

問40 □ □ 車両通行帯がある道路で、標識や標示によって進行方向ごとに通行区分が指定されているときは、その区分に従わなければならないが、緊急（きんきゅう）自動車に道を譲（ゆず）るときは従わなくてもよい。

問41 □ □ 交通事故が起きたとき、運転者は、事故が発生した場所、負傷者の数や程度、物の損壊（そんかい）の程度などを報告する義務があるが、事故車の積載物については報告する必要はない。

問42 □ □ 前方の信号機が青色の灯火のとき、歩行者は進むことができ、軽車両（けいしゃりょう）は直進し、左折することができる。

問43 □ □ 行き違いが困難（こんなん）な狭（せま）い坂道では、下りの車が加速がつくので、上りの車より先に通行することができる。

問33 〇 直線部分で十分減速し、カーブ内でブレーキを かけないようにします。 P64
ポイント **202**

問34 〇 「高齢運転者等標章自動車駐車可」の標識です。 標章のない車は駐車できません。 ここで覚える

問35 ✕ 故障などでやむを得ない場合以外は、路側帯に 駐停車してはいけません。 P61
ポイント **193**

問36 ✕ 交通事故を起こしたときは、必ず警察官に報告 しなければなりません。 P69
ポイント **218**

問37 ✕ クラッチを切るとエンジンブレーキが効かなく なるので、クラッチは切らずに動力を P45 伝えたままカーブを曲がります。 ポイント **131**

問38 ✕ 総排気量 90cc の普通自動二輪車の一般道路で の法定最高速度は、時速 60 キロメー P39 トルです。 ポイント **106**

問39 〇 PS (c) マークまたはJISマークの付いた乗 車用ヘルメットを、正しい方法で着用 P45 します。 ポイント **130**

問40 〇 緊急自動車に進路を譲るときは、通行区分に従 う必要はありません。 ここで覚える

問41 ✕ 積載物についても、警察官に報告しなければな りません。 ここで覚える

問42 〇 青信号では、軽車両は直進と左折ができ、右折 はできません。 P22
ポイント **029**

問43 ✕ 上りの車は発進が難しいので、下りの車が停止 して、上りの車に道を譲るのが原則で P65 す。 ポイント **205**

ココもチェック

意味を確認！

「高齢運転者等標章自動車駐車可」の標識の意味

次の標識は、「専用場所駐車標章」に登録車両番号が記載されている普通自動車だけが駐車できることを表す。

まとめて覚える！

一般道路での法定最高速度

● 自動車
➡ 時速 60 キロメートル
● 一般原動機付自転車
➡ 時速 30 キロメートル
【ロープなどでけん引する場合】
● 車両総重量 2,000 キログラム以下の車を、その3倍以上の車両総重量の車でけん引するとき
➡ 時速 40 キロメートル
● 総排気量 125cc 以下の普通自動二輪車や、一般原動機付自転車でリヤカーをけん引するとき
➡ 時速 25 キロメートル
● 上記以外で故障車をけん引するとき
➡ 時速 30 キロメートル

本免模擬テスト 第4回

問44 図5の標示の先（向こう側）では、転回をしてもよい。

図5

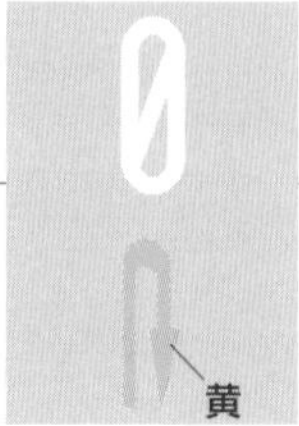

黄

問45 こう配の急な坂を通行するときは、上りも下りも徐行しなければならない。

問46 自家用の普通乗用自動車は、1年ごとに定期点検を行い、必要な整備をしなければならない。

問47 道路上で酒に酔ってふらついたり、立ち話をしたり、座ったり、寝そべったりなどして、交通の妨げとなるようなことをしてはならない。

問48 路線バス等優先通行帯を通行している普通自動車は、後方から通学・通園バスが近づいてきても、そのまま走行し続けてかまわない。

問49 進行方向の信号が黄色の灯火の点滅を表示している場合、歩行者、車、路面電車は、他の交通に注意しながら進行することができる。

問50 歩行者のそばを通るときは、歩行者との間に十分な間隔をあけるか、徐行しなければならないが、歩行者が路側帯にいるときはその必要がない。

問51 他の車に追い越されるときは、追い越しが終わるまで速度を上げてはならない。

問52 二輪車の事故で死亡した人の多くは、頭部や顔面のけがが致命傷となっているので、二輪車を運転するときは、乗車用ヘルメットを必ず着用しなければならない。

問53 二輪車でブレーキをかけるときは、路面が濡れていて滑りやすいところでは後輪ブレーキ、乾いたところでは前輪ブレーキをやや強めにかける。

問54 速度規制がない高速自動車国道での中型自動車の最高速度は、すべて時速100キロメートルである。

問44 ◯ 図5は「転回禁止区間の終わり」を表すので、この標示の先では転回できます。
ここで覚える

問45 ✕ 徐行しなければならないのは、こう配の急な下り坂を通行するときです。
P40
ポイント 116

問46 ◯ 自家用の普通乗用自動車は、1年ごとに定期点検を行います。
P19
ポイント 021

問47 ◯ 歩行者も、道路上で設問のような行為をしてはいけません。
ここで覚える

問48 ✕ 通学・通園バスは「路線バス等」に該当するので、すみやかに他の通行帯に出なければなりません。
P38
ポイント 103・104

問49 ◯ 黄色の灯火の点滅信号では、他の交通に注意して進むことができます。
P23
ポイント 035

問50 ✕ 歩行者が路側帯を通行している場合も、安全な間隔をあけるか徐行しなければなりません。
P34
ポイント 084

問51 ◯ 後続車が安全に追い越しができるように、速度を上げてはいけません。
ここで覚える

問52 ◯ 二輪車を運転するときは、頭部を保護するため、必ず乗車用ヘルメットをかぶらなければなりません。
P45
ポイント 130

問53 ◯ 滑りやすいところでは後輪ブレーキをやや強めに、乾いたところでは前輪ブレーキをやや強めにかけます。
P45
ポイント 132

問54 ✕ 特定中型貨物自動車の法定最高速度は、時速80キロメートルです。それ以外の中型自動車は時速100キロメートルです。
P60
ポイント 192

ココもチェック

まとめて覚える！

「こう配の急な坂」の意味

傾斜が、おおむね10パーセント（100メートルで10メートル上る、または下る）以上の坂をいう。
● 徐行場所
➡ こう配の急な下り坂（上り坂は徐行場所ではない）
● 追い越し禁止場所
➡ こう配の急な下り坂（上り坂は禁止場所ではない）
● 駐停車禁止場所
➡ こう配の急な坂（上りも下りも禁止）

違いをチェック！

歩行者のそばを通るときの原則と例外

【原則】 安全な間隔をあける。
【例外】 安全な間隔をあけられないときは徐行する。
＊安全な間隔の目安は、正面から近づくときは1メートル以上、背面から近づくときは1.5メートル以上の間隔。

本免模擬テスト 第4回

問55 □ □　ぬかるみなどで車輪が空回りするときは、毛布や砂利などがあれば、それを滑り止めに使うと効果的である。

問56 □ □　昼間でも、トンネルの中や濃い霧の中などで50メートル（高速道路では200メートル）先が見えないような場所を通行するときは、前照灯をつけなければならない。

問57 □ □　図6の標示は、路側帯の中に入って駐車や停車することができないことを示しており、軽車両の通行も禁止されている。

図6

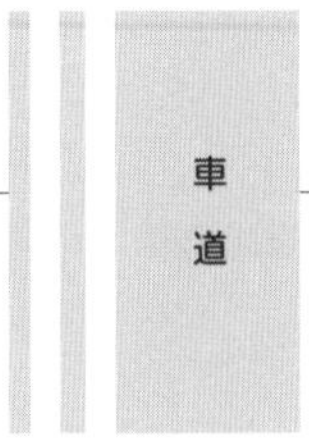

車道

問58 □ □　自動車から離れるときは、短時間であっても、危険防止のためにエンジンを止め、ハンドブレーキをかけておかなければならない。

問59 □ □　乗車定員5人の普通乗用自動車は、運転者のほかに、大人3人と12歳未満の子ども3人を乗せることができる。

問60 □ □　車両通行帯があるトンネルでは、停車であればしてもよい。

問61 □ □　歩行者専用道路は、沿道に車庫を持つ車などで特に通行を認められた車は通行できるが、歩行者に注意して徐行しなければならない。

問62 □ □　車両通行帯がない道路では、原則として、高速車は中央寄りの部分を通行しなければならない。

問63 □ □　マフラーが少しでも破損していると騒音になるので、付け替えるか修理してから運転する。

問64 □ □　前方の車が発進しようとしたので、一時停止をして道を譲った。

問65 □ □　車の死角は、小型車より大型車、乗用車より貨物車のほうが大きくなり、また貨物を積んでいるときは、さらにその積載物により影響される。

問 55 ⭕ 車輪が空回りするときは、毛布や砂利などを敷いて、効果的に脱出します。 ここで覚える

問 56 ⭕ 昼間でも、トンネルの中などでは前照灯をつけなければなりません。 ・・・ P66 ポイント 206

問 57 ⭕ 図6の「歩行者用路側帯」は、中に入っての駐停車と、車の通行が禁止されています。 P59 ポイント 185

問 58 ⭕ 車から離れるときは、短時間でも危険防止の措置をとります。 P59 ポイント 188

問 59 ❌ 12歳未満の子ども3人は大人2人と換算し、運転者を加えると6人となり、乗車できません。 P28 ポイント 068

問 60 ❌ トンネル内は、車両通行帯の有無にかかわらず、駐車も停車も禁止です。 P56 ポイント 175

問 61 ⭕ 通行を認められた車でも、特に歩行者に注意して徐行しなければなりません。 ・・・ P33 ポイント 081

問 62 ❌ 車両通行帯がない道路では、自動車は追い越しなどのときを除き、道路の左に寄って通行しなければなりません。 P30 ポイント 074

問 63 ⭕ 騒音で迷惑をかけないように、マフラーを整備してから運転しなければなりません。 ここで覚える

問 64 ⭕ 発進する車がいるときは、その進行を妨げないようにします。 ここで覚える

問 65 ⭕ 車の死角は、大型車になるほど、また積載物の大きさに応じて大きくなります。 ここで覚える

ココもチェック

📖 まとめて覚える！

灯火をつけなければならない場合

● 夜間、道路を通行するとき。
● 昼間でも、トンネル内や濃い霧の中などで50メートル（高速道路では200メートル）先が見えないような場所を通行するとき。

📐 違いをチェック！

歩行者用道路の通行に関するルール

【原則】 車は、歩行者用道路を通行してはいけない。
＊自転車などの軽車両も車になるので通行禁止。
【例外】 沿道に車庫を持つなどを理由に警察署長の許可を受けた車だけは通行できる。この場合、歩行者の通行に十分注意して、徐行しなければならない。

問66 □□ 違法に駐車している車に対しては、図7のような「放置車両確認標章」が取り付けられることがある。

図7

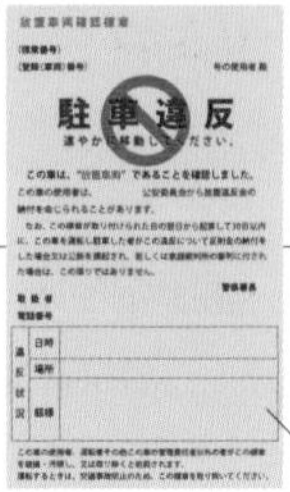

黄

問67 □□ 「車両横断禁止」の標識がある場所で、道路の左側に面した施設に入るため、道路の左側に横断した。

問68 □□ 自動車を運転するとき、心配事があると注意が散漫になったりするので、そのようなときは速度を落として運転するとよい。

問69 □□ 二輪車のマフラーを取り外すと騒音が大きくなるが、出力が下がるので、マフラーを外して運転してもかまわない。

問70 □□ 交通事故を起こしたが、傷が軽く、損壊が少ないときは、警察官に届け出なくてもよい。

問71 □□ 追い越しをするときは、追い越す車との側方間隔をできるだけ狭くする。

問72 □□ 普通自動車が右折するため、軌道敷内を横切った。

問73 □□ 二輪車は、正しい乗車姿勢が決められていないので、運転者がいちばん操作しやすい乗車姿勢で運転することが大切である。

問74 □□ 環状交差点に入ろうとするときは必ず一時停止して、環状交差点内を通行する車や路面電車の進行を妨げてはならない。

問75 □□ 故障車をけん引しているため、時速50キロメートル以上の速度で走ることのできない自動車は、車の特性上、高速自動車国道を通行することができない。

問76 □□ 自動二輪車を押して歩く場合は、歩行者として扱われるが、この場合はエンジンを切らなければならない（けん引時、側車付きのものを除く）。

問66 図7の標章を取り付けられた車の使用者は、公安委員会から放置違反金の納付を命ぜられることがあります。

〇

ここで覚える

問67 車両横断禁止の標識は、道路の右側への横断を禁止しているので、左側への横断はすることができます。

〇

ここで覚える

問68 心配事があると運転に集中できなくなり危険なので、運転を控えるようにします。

✕

P16 ポイント003

問69 二輪車でも、マフラーを外して運転してはいけません。

✕

ここで覚える

問70 交通事故を起こしたら、程度にかかわらず、警察官に届け出なければなりません。

✕

P69 ポイント218

問71 追い越す車との間には、安全な間隔を保たなければなりません。

✕

ここで覚える

問72 右左折や横断、転回、やむを得ない場合などでは、軌道敷内を通行できます。

〇

P33 ポイント082

問73 肩の力を抜き、ひじをわずかに曲げ、背筋を伸ばし、視線は先のほうへ向けるなど、正しい乗車姿勢で運転します。

✕

P44 ポイント129

問74 必ずしも一時停止する必要はなく、徐行して車や路面電車の進行を妨げないようにします。

✕

P50 ポイント152

問75 故障車をけん引しているときは、高速自動車国道を通行できません（けん引自動車を除く）。

〇

P60 ポイント191

問76 エンジンを止め、押して歩かなければ、歩行者として扱われません。

〇

P32 ポイント080

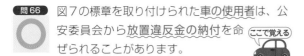

ココもチェック

意味を確認！

環状交差点の通行方法

1

側端に沿って徐行

左端に寄る

右左折、直進、転回しようとするときは、あらかじめできるだけ道路の左端に寄り、環状交差点の側端に沿って徐行しながら通行する（標示などで通行方法が指定されているときはそれに従う）。

2

左合図を出す

環状交差点から出るときは、出ようとする地点の直前の出口の側方を通過したとき（入った直後の出口を出る場合は、その環状交差点に入ったとき）に左側の合図を出す（環状交差点に入るときは合図を行わない）。

165

問77 ☐ ☐ 貨物自動車の荷台には人を乗せてはならないが、荷物の積みおろしのために必要な最小限の人であれば、許可なく乗せることができる。

問78 ☐ ☐ 図8の標識は、自動車と一般原動機付自転車が通行できることを表している。

図8

問79 ☐ ☐ ハンドル、マフラー、ブレーキなどの点検整備を行っていない車は、交通の危険を生じさせたり、有毒（ゆうどく）なガスや騒音（そうおん）などによってほかの人に迷惑（めいわく）をかけるので運転してはならない。

問80 ☐ ☐ 児童・園児などの乗り降りのため停止している通学・通園バスの側方を通るときは、後方で一時停止して安全を確かめなければならない。

問81 ☐ ☐ 故障車をロープやクレーンなどでけん引（いん）するときは、けん引免許は必要ない。

問82 ☐ ☐ 「徐行」の標識がある場所でも、車や歩行者が明らかにいないときは、速度を落とさずに進むことができる。

問83 ☐ ☐ 前方の交差点が混雑しているときは、横断歩道や自転車横断帯の上で停止してもやむを得ない。

問84 ☐ ☐ 速度制限の標識がない一般道路で、時速60キロメートルで通行している普通自動車を追い越した。

問85 ☐ ☐ 踏切支障（ししょう）報知装置（そうち）がない踏切内で車が動かなくなったときは、発炎筒（はつえんとう）や煙の出やすいものを付近で燃やすなどして合図をするのがよい。

問86 ☐ ☐ 図9の標示は、この先に交差点があることを表している。

図9

問87 ☐ ☐ チャイルドシートは、その幼児の体格に合った、座席に確実に固定できるものを使用しなければ効果が期待できない。

問77 荷物の積みおろしのための人は荷台に乗せられません。乗せられるのは、<u>荷物を見張るための最小限の人</u>です。 P29 ポイント 069

❌

問78 図8は「車両（組合せ）通行止め」を表し、<u>自動車と一般原動機付自転車は通行できません</u>。 ここで覚える

❌

問79 ハンドル、マフラー、ブレーキなどの点検整備を行っていない<u>整備不良車</u>は、運転してはいけません。 ここで覚える

⭕

問80 <u>一時停止する必要はなく</u>、<u>徐行</u>して安全を確かめます。 P36 ポイント 091

❌

問81 故障車をロープやクレーンなどでけん引するときは、<u>けん引免許は必要ありません</u>。 P29 ポイント 071

⭕

問82 「徐行」の標識がある場所では、交通の有無にかかわらず、<u>徐行しなければなりません</u>。 P40 ポイント 112

❌

問83 歩行者などの<u>通行</u>を妨げるおそれがあるので、<u>横断歩道上</u>などに停止してはいけません。 P33 ポイント 083

❌

問84 追い越しをするときでも、<u>法定最高速度</u>を超えてはいけません。 P39 ポイント 106

❌

問85 発炎筒や煙の出やすいものを付近で燃やすなどして、一刻も早く、<u>列車の運転士</u>に知らせます。 P63 ポイント 201

⭕

問86 図9の標示は、この先に<u>横断歩道</u>や<u>自転車横断帯</u>があることを表しています。 ここで覚える

❌

問87 チャイルドシートは、<u>体格に合ったもの</u>を選び、座席に確実に<u>固定できるもの</u>を使用します。 P25 ポイント 051

⭕

ココもチェック

🖊️ 種類を確認！

車の種類による通行止めのおもな標識

● 二輪の自動車以外の自動車通行止め
➡ 二輪の自動車（大型・普通自動二輪車）以外の自動車は通行できない。

● 大型貨物自動車等通行止め
➡ 大型貨物自動車、特定中型貨物自動車、大型特殊自動車は通行できない。

● 大型乗用自動車等通行止め
➡ 乗車定員11人以上の乗用自動車（大型・中型乗用自動車）は通行できない。

● 二輪の自動車・一般原動機付自転車通行止め
➡ 二輪の自動車（大型・普通自動二輪車）、一般原動機付自転車は通行できない。

167

問88 □ □　消防用自動車が道路を通行しているとき、一般の車は、つねに消防用自動車に進路を譲（ゆず）らなければならない。

問89 □ □　二輪車のチェーンの点検は、緩（ゆる）みや張り具合を指で押してみたり、注油（ちゅうゆ）が十分かについて確認する。

問90 □ □　交通整理中の警察官や交通巡視員（じゅんしいん）の手信号が、信号機の信号と異なるときは、信号機の信号に従わなければならない。

問91 (1) (2) (3) □ □ □　(1) (2) (3) □ □ □

時速50キロメートルで進行しています。右前方に駐車車両があり、その後方から対向車が近づいてきたときは、どのようなことに注意して運転しますか？

(1) 下り坂の対向車は、駐車車両の手前で停止できずにそのまま走行してくると思われるので、減速してその付近で行き違わないようにする。

(2) 自分の車は上り坂にさしかかっており、前方から来る対向車は停止して道を譲（ゆず）ると思われるので、このままの速度で進行する。

(3) 対向車が中央線をはみ出してくると思われるので、その前に行き違えるように加速して進行する。

問92 (1) (2) (3) □ □ □　(1) (2) (3) □ □ □

高速道路を時速90キロメートルで進行しています。どのようなことに注意して運転しますか？

(1) 右前方の車は、前車との車間距離がつまっており、急に左へ車線を変更するかもしれないので、アクセルを戻して進路変更に備える。

(2) 二輪車は、前車を追い越すため、急に右へ車線を変更するかもしれないので、その動きに注意して進行する。

(3) 前車との車間距離を十分にとると、他の車が自分の車線へ進路変更してくるかもしれないので、前車との車間距離をつめて進行する。

問88 消防用自動車でも、緊急（きんきゅう）用務のために運転していなければ緊急自動車にならないため、特に進路を譲る必要はありません。 ✕

P37
ポイント
100

問89 二輪車のチェーンは、張り具合や注油の状況について点検します。 ◯

ここで覚える

問90 信号機の信号ではなく、警察官や交通巡視員の手信号に従わなければなりません。 ✕ ・・・

P24
ポイント
041

問91

(1) 速度を落として、対向車を先に行かせます。 ◯

(2) 対向車は、自車の通過を待ってくれるとは限りません。 ✕

(3) 加速して進むと正面衝突（しょうとつ）するおそれがあり、危険です。 ✕

対向車の中央線からのはみ出しに注意！
(3) に対応

問92

(1) 急な進路変更に備え、安全な車間距離をあけます。 ◯

(2) 二輪車の急な進路変更に備え、動きに十分注意して進行します。 ◯

(3) 前車との間に安全な車間距離を保って進行しなければなりません。 ✕

車間距離と二輪車の進路変更に注意！
(3) に対応

本免模擬テスト

第4回

問**93** (1)(2)(3)　(1)(2)(3)
□□□　□□□

時速40キロメートルで進行しています。二輪車に追いついたとき、突然右側の方向指示器が出されたときは、どのようなことに注意して運転しますか？

(1)左側の二輪車は、右折しようと自分の車の前に進路変更してくるかもしれないので、その前に加速して追い抜く。

‥‥‥‥‥‥‥‥‥‥‥‥‥‥‥‥‥‥‥

(2)対向車は右折するため、直進する自車の通過を待ってくれるので、急いで通過する。

‥‥‥‥‥‥‥‥‥‥‥‥‥‥‥‥‥‥‥

(3)自分の車は二輪車の気づきやすい位置にいて、進路変更のおそれはないので、そのままの速度で走行する。

問**94** (1)(2)(3)　(1)(2)(3)
□□□　□□□

踏切の手前で一時停止したあとは、どのようなことに注意して運転しますか？

(1)踏切内は凹凸になっているため、ハンドルを取られないようにしっかり握り、注意して通過する。

‥‥‥‥‥‥‥‥‥‥‥‥‥‥‥‥‥‥‥

(2)踏切内は凹凸になっているため、対向車がふらついてぶつかるかもしれないので、なるべく左端に寄って通過する。

‥‥‥‥‥‥‥‥‥‥‥‥‥‥‥‥‥‥‥

(3)踏切内は凹凸になっているので、エンストを防止するため、すばやく変速して急いで通過する。

問**95** (1)(2)(3)　(1)(2)(3)
□□□　□□□

時速30キロメートルで進行しています。どのようなことに注意して運転しますか？

(1)左側の歩行者は、バスに乗るため急に横断するかもしれないので、後ろの車に追突されないようにブレーキを数回踏み、すぐに止まれるように速度を落として進行する。

‥‥‥‥‥‥‥‥‥‥‥‥‥‥‥‥‥‥‥

(2)左側の歩行者のそばを通るときは、水をはねないように速度を落として進行する。

‥‥‥‥‥‥‥‥‥‥‥‥‥‥‥‥‥‥‥

(3)バスのかげからの歩行者の飛び出しに備え、速度を落として走行する。

170

(1) ✕ 二輪車と接触（せっしょく）するおそれがあります。

. . . .

(2) ✕ 対向車は、自車の通過を待ってくれるとは限りません。

. . . .

(3) ✕ 二輪車は自車に気づかず、進路変更するおそれがあります。

対向車の急な右折に注意！
(2) に対応

(1) ◯ 路面の凹凸に備え、ハンドルを取られないように注意します。

. . . .

(2) ✕ 左側に寄りすぎると、落輪（らくりん）するおそれがあります。

. . . .

(3) ✕ エンストを防止するため、低速ギアのまま通過します。

左側への落輪に注意！
(2) に対応

(1) ◯ 後続車の追突に注意しながら、歩行者の横断に備えます。

. . . .

(2) ◯ 歩行者へ水をはねないように、速度を落として進行します。

. . . .

(3) ◯ 歩行者の急な飛び出しに備えて、速度を落とします。

歩行者への水はねに注意！
(2) に対応

本免模擬テスト

第4回

本免
模擬テスト
第5回

それぞれの問題について、正しいものには「○」、誤っているものには「×」で答えなさい。配点は、問1～90が各1点、問91～95が各2点（3問とも正解の場合）。

制限時間 **50分**　合格点 **90点以上**

問1
□ □
同一方向に3つの車両通行帯がある道路で普通自動車を運転し、左から3番目の通行帯を走り続けた。

問2
□ □
前車が道路外に出るため、道路の左端に寄ろうとして合図をしているときは、危険を避ける場合を除いて、その進路変更を妨げてはならない。

問3
□ □
図1の標識は、この先の道路が上り急こう配になっていることを示している。

図1
10%
黄

問4
□ □
シートベルトを着用すると、交通事故にあったときの被害を大幅に軽減することに役立つが、疲労を軽減する効果はない。

問5
□ □
歩行者がいる安全地帯のそばを通るときは、徐行しなければならない。

問6
□ □
法律で定められている場所や、やむを得ないとき以外は、警音器を鳴らしてはならない。

問7
□ □
二輪車を運転中、右折する車が何台も続いている交差点では、前車の左側から回りこんで右折するとよい。

問8
□ □
四輪車で走行中、エンジンの回転数が上がり、故障のため下がらなくなったときは、ギアをニュートラルにし、ただちにエンジンを切るとよい。

問9
□ □
ハイドロプレーニング現象とは、雨の中を高速で走行するとタイヤと路面の間に水の膜ができ、ハンドルやブレーキが効かなくなるという危険な現象である。

問10
□ □
負傷者を救護する場合は、負傷者をむやみに動かさないようにし、出血が多いときは清潔なハンカチなどで止血することが大切である。

正解	ポイント解説

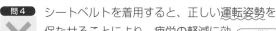

赤シートを当てながら解いていこう。間違えたら ポイント を再チェック!

問1 ✕ 最も右側は<u>追い越し車線</u>なので、原則としてそれ以外の車線を通行しなければなりません。
P30
ポイント **075**

問2 ◯ 前車が進路を変えようとしているときは、それを<u>妨げてはいけません</u>。
P53
ポイント **161**

問3 ◯ 図1は、こう配率が<u>10</u>パーセント以上の「<u>上り急こう配あり</u>」を表す警戒標識です。
ここで覚える

問4 ✕ シートベルトを着用すると、正しい<u>運転姿勢</u>を保たせることにより、<u>疲労の軽減</u>に効果があります。
ここで覚える

問5 ◯ 歩行者がいる安全地帯のそばを通るときは、<u>徐行</u>が必要です。歩行者がいないときは、そのまま進行できます。
P34
ポイント **085**

問6 ◯ 指定場所とやむを得ないとき以外は、警音器を鳴らしてはいけません。
P42
ポイント **124**

問7 ✕ 設問のような右折方法は、<u>危険</u>なのでしてはいけません。
ここで覚える

問8 ✕ まずギアを<u>ニュートラル</u>にし、ブレーキをかけて速度を落とし、車を止めてから<u>エンジンを切ります</u>。
P68
ポイント **214**

問9 ◯ ハイドロプレーニング現象は設問のとおりで、雨の中、<u>高速走行</u>するときは、十分注意しましょう。
ここで覚える

問10 ◯ 負傷者を<u>むやみに動かさない</u>ようにし、止血など可能な<u>応急救護処置</u>を行います。
P69
ポイント **218**

ココも**チェック**

まとめて覚える!

車両通行帯がある道路での通行方法

●**車両通行帯が2つ**
右側は追い越しなどのためにあけておき、左側の通行帯を通行する。

●**車両通行帯が3つ以上**
最も右側は追い越しなどのためにあけておき、速度に応じて、順次左側の通行帯を通行する。

まとめて覚える!

警音器を鳴らすとき

①危険を防止するため、やむを得ないとき。
②「警笛鳴らせ」の標識があるとき。
③「警笛区間」の標識がある区間内で、見通しの悪い次の場所を通行するとき。
●交差点
●道路の曲がり角
●上り坂の頂上

本免模擬テスト

第5回

173

問11
☐☐
坂道でオートマチック車を駐車するときは、ブレーキペダルを踏んだままハンドブレーキを確実にかけ、チェンジレバーを「R」か「L」に入れるとよい。

問12
☐☐
前車が自動車を追い越そうとしているときは、追い越しを始めてはならない。

問13
☐☐
歩行者のそばを通るとき、歩行者と安全な間隔を保つことができたので、そのままの速度で通行した。

問14
☐☐
図2のような二輪の運転者の手による合図は、左折か左へ進路を変更することを表す。

図2

問15
☐☐
平坦な直線の雪道や凍った道路では、スノータイヤやタイヤチェーンをつけていれば、スリップや横滑りすることはない。

問16
☐☐
他の車をけん引するときのけん引自動車の高速自動車国道での法定最高速度は、時速80キロメートルである。

問17
☐☐
普通免許を受けていれば、車両総重量3トンのトラックを運転することができる。

問18
☐☐
高速道路を運転中、大地震が発生したので、追い越し車線に車を止めて避難した。

問19
☐☐
標識や標示で指定されていない一般道路での大型自動二輪車と普通自動二輪車の最高速度は、ともに時速60キロメートルである。

問20
☐☐
普通貨物自動車に積むことができる荷物の長さは、その自動車の長さの1.2倍までである。

問21
☐☐
二輪車のブレーキのかけ方には、ブレーキレバーを使う場合、ブレーキペダルを使う場合、エンジンブレーキを使う場合の3種類がある。

問11 オートマチック車を駐車するときは、チェンジレバーを「P」に入れます。

✗　ここで覚える

問12 前車が自動車を追い越そうとしているときの追い越しは、二重追い越しとなり、禁止されています。

○　P47　ポイント **138**

問13 歩行者と安全な間隔を保つことができる場合は、徐行の必要はなく、そのまま通行できます。

○　P34　ポイント **084**

問14 二輪車の運転者が左腕を水平に伸ばす合図は、左折か左への進路変更を表します。

○　P41　ポイント **117**

問15 チェーンなどをつけていてもスリップするおそれがあるので、雪道などでは慎重に運転します。

✗　ここで覚える

問16 高速自動車国道でのけん引自動車の法定最高速度は、時速80キロメートルです。

○　P60　ポイント **192**

問17 普通免許では、車両総重量3,500キログラム（3.5トン）未満のトラックを運転できます。

○　P18　ポイント **010**

問18 追い越し車線ではなく、路肩などに寄せて止め、緊急車両などの妨げにならないようにします。

✗　P61　ポイント **194**

問19 自動二輪車の一般道路での法定最高速度は、時速60キロメートルです。

○　P39　ポイント **106**

問20 自動車の長さの1.2倍まで、荷物を積むことができます。

○　P28　ポイント **065**

問21 レバーを使う前輪ブレーキ、ペダルやレバーを使う後輪ブレーキ、スロットルを戻すなどのエンジンブレーキがあります。

○　ここで覚える

ココもチェック

 違いをチェック！

「二重追い越し」になる場合とならない場合

●二重追い越し
前車が自動車を追い越そうとしているときに追い越す行為。
➡禁止

●二重追い越しではない
前車が一般原動機付自転車を追い越そうとしているときに追い越す行為。
➡禁止ではない

📖 まとめて覚える！

「普通自動車」になるもの

大型自動車、中型自動車、準中型自動車、大型特殊自動車、大型自動二輪車、普通自動二輪車、小型特殊自動車以外の自動車で、次のすべての条件を満たすもの。
●車両総重量3,500キログラム未満
●最大積載量2,000キログラム未満
●乗車定員10人以下

本免模擬テスト　第5回

175

問22 図3の標示は安全地帯を表し、車は標示内に入ってはならない。

図3

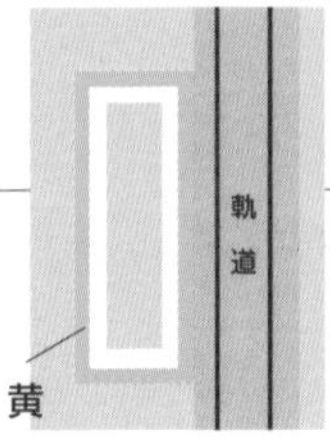

□ □

問23 前方の交差点の信号が、赤色の灯火と青色の右向きの矢印を表示しているとき、一般原動機付自転車は右折することができない。

□ □

軌道

黄

問24 前車が道路外に出るため、道路の左端や中央、右端に寄ろうとして合図をしている場合は、その進路変更を 妨(さまた)げてはならない。

□ □

問25 走行中に目的地の進路がわからなくなったので、カーナビゲーション装置の画像を注視(ちゅうし)しながら運転した。

□ □

問26 高速走行中、風が強くてハンドルが取られるときは、安定を保つため、高速のまま走行するとよい。

□ □

問27 実線2本、または実線と破線の路側帯(ろそくたい)がある道路では、たとえその幅が広い場合でも、路側帯の中に入って駐停車してはならない。

□ □

問28 人の乗り降りや5分以内の荷物の積みおろしのための停止は、駐車にはならない。

□ □

問29 学校、幼稚園の付近を通行するときは、子どもが突然飛び出してくることがあるので、徐行(じょこう)しなければならない。

□ □

問30 発進するときは、発進する前に安全を確認してから方向指示器などで合図をし、もう一度バックミラーなどで前後左右の安全を確かめる。

□ □

問31 図4の標識は、この先に横断歩道があることを示している。

図4

□ □

黄

問32 二輪車は四輪車の運転者に見落とされたり、実際の距離より遠くに見られたり、遅い速度に見られたりするので、交差点では特に右折する四輪車に注意しなければならない。

□ □

問22 〇 車は、「安全地帯」の標示内に入ってはいけません。
P32
ポイント078

問23 ✕ 一般原動機付自転車が二段階右折しなければならない交差点では右折できませんが、それ以外では右折できます。
P23
ポイント032

問24 〇 急ブレーキなどで避けなければならない場合を除き、前車の進路変更を妨げてはいけません。
ここで覚える

問25 ✕ 周囲の状況などに対する注意が不十分になると危険なので、走行中は画像を注視してはいけません。
P20
ポイント023

問26 ✕ 高速のまま運転するとハンドルが取られて危険なので、速度を落として走行します。
ここで覚える

問27 〇 実線2本は「歩行者用路側帯」、実線と破線は「駐停車禁止路側帯」で、ともに車の駐停車が禁止されています。
P59
ポイント185

問28 〇 人の乗り降りは時間に関係なく「停車」、荷物の積みおろしは5分以内であれば「停車」になります。
P54
ポイント165

問29 ✕ 子どもの飛び出しには注意が必要ですが、徐行の義務はありません。
ここで覚える

問30 〇 あらかじめミラーや目視で安全を確かめてから合図をし、もう一度安全を確認してから発進します。
ここで覚える

問31 ✕ 図4は横断歩道の予告ではなく、「学校、幼稚園、保育所などあり」の警戒標識です。
ここで覚える

問32 〇 二輪車は車体が小さく見落とされることがあるので、十分注意して運転する必要があります。
P44
ポイント128

ココもチェック

違いをチェック！

信号機の矢印信号の意味

●青色の灯火の矢印

車（軽車両を除く）は、矢印の方向に進め、右向き矢印の場合は転回もできる。右向きの矢印の場合、二段階の方法で右折する一般原動機付自転車と軽車両は右折や転回ができない。

●黄色の灯火の矢印

路面電車は、矢印の方向に進める。路面電車専用の信号なので、車は進めない。

まとめて覚える！

「停車」になる行為

●人の乗り降りのための停止。
●5分以内の荷物の積みおろしのための停止。
●車から離れない状態での停止。
●車から離れていても、すぐに運転できる状態での停止。

本免模擬テスト

第5回

177

問33
□ □
徐行の速度の目安は、運転者がブレーキを操作してからおおむね5メートル以内で止まれるような速度をいう。

問34
□ □
バスの運行が終了したので、バスの停留所の直前に車を止めて、友人を待った。

問35
□ □
標識や標示によって速度制限されていない一般道路で、追い越しのために出せる速度は、時速80キロメートルまでである。

問36
□ □
二輪車を安全に急停止させるためには、どんな場合も前輪ブレーキは補助的に使い、後輪ブレーキをできるだけ強くかけるとよい。

問37
□ □
交差点を右折しようとしたところ、対向車が接近してきたが、自分の車が先に交差点に入っていたので、すばやく右折した。

問38
□ □
信号機がある交差点で右折する一般原動機付自転車は、必ず二段階の方法をとらなければならない。

問39
□ □
二輪車を運転するときは、肩の力を抜き、ひじをわずかに曲げるなど、正しい乗車姿勢をとることが大切である。

問40
□ □
図5で、Bの車両通行帯を通行する車は、Aの車両通行帯へ進路を変えることはできない。

図5

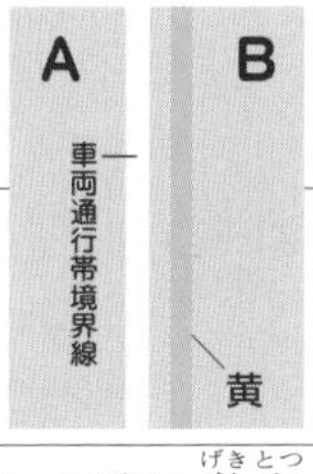

A　B

車両通行帯境界線

黄

問41
□ □
普通自動二輪車の日常点検は、走行距離、運行時の状況から判断した適切な時期に行えばよい。

問42
□ □
普通自動車が時速60キロメートルでコンクリートの壁に激突した場合は、約14メートルの高さ（ビルの5階程度）から落ちた場合と同じ程度の衝撃力になる。

問43
□ □
ブレーキペダルを踏み込んで、ふわふわした感じがするときは、ブレーキホースに空気が入っているか、ブレーキ液が漏れているおそれがある。

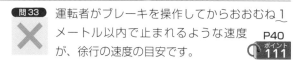

問33 ✕ 運転者がブレーキを操作してからおおむね1
メートル以内で止まれるような速度
が、徐行の速度の目安です。 P40 ポイント 111

問34 ○ バスの停留所の標示板から 10 メートル以内は
駐停車禁止場所ですが、運行時間中に
限られます。 P57 ポイント 181

問35 ✕ 追い越しは、法定最高速度である時速 60 キロ
メートル以下で行わなければなりませ
ん。 P39 ポイント 106

問36 ✕ 二輪車のブレーキは、前後輪ブレーキを同時に
使用するのが基本です。 P45 ポイント 132

問37 ✕ たとえ自分の車が先に交差点に入っていても、
直進車や左折車の進行を妨げてはいけ
ません。 P51 ポイント 157

問38 ✕ 片側2車線以下の道路、「一般原動機付自転車
の右折方法（小回り）」の標識がある
道路では、小回り右折します。 P51 ポイント 155

問39 ○ 正しい乗車姿勢は、正しい運転操作につながり
ます。 P44 ポイント 129

問40 ○ 黄色で区画された車両通行帯は「進路変更禁止」
を表し、BからAへは進路変更できま
せん。 P53 ポイント 162

問41 ○ 普通自動二輪車の日常点検は、走行時の状況
などから判断した適切な時期に行いま
す。 P19 ポイント 017

問42 ○ 設問の場合、約 14 メートルの高さから落ちた
場合と同じ程度の衝撃力になります。 ここで覚える

問43 ○ ホース内に空気が混入しているか、ブレーキ液
が漏れているおそれがあります。 ここで覚える

ココも チェック

📖 まとめて覚える！

数字に関する
「駐停車禁止場所」

● 5メートル以内の場所
①交差点とその端から。
②道路の曲がり角から。
③横断歩道、自転車横断帯と
　その端から前後に。

● 10 メートル以内の場所
①踏切とその端から前後に。
②安全地帯の左側とその前後
　に。
③バス、路面電車の停留所の
　標示板（柱）から（運行時
　間中に限る）。

📖 まとめて覚える！

二輪車の正しい
乗車姿勢

●ステップに土踏まずを載
　せ、足の裏が水平になるよ
　うにする。
●足先がまっすぐ前方を向
　くようにして、タンクを両
　ひざで締める（ニーグリッ
　プ）。
●肩の力を抜き、ひじをわず
　かに曲げる。
●背筋を伸ばし、視線を先の
　ほうへ向ける。

本免模擬テスト 第5回

179

問44 □□ 制限速度を守って運転していても、正当な理由がないときは、沿道の住民の迷惑になるような騒音を出してはならない。

問45 □□ 踏切を通過中に遮断機が下りてしまったときは、車で遮断機を押して進めば、遮断機が外側に開き、簡単に脱出することができる。

問46 □□ 図6の点滅信号に対面する車や路面電車は、他の交通に注意しながら徐行して交差点に入ることができる。

図6

問47 □□ 長時間運転するときは、疲れを感じていなくても、4時間に1回は休息をとるようにする。

問48 □□ 人間の身体や生活環境に害を与える車の排出ガスは、速度と積載の超過とは関係がない。

問49 □□ 二輪車でカーブを曲がるときは、速度を落とし、両ひざをタンクに密着させ、車体と体を傾ける。

問50 □□ 二輪車の前照灯は弱いので、対向車と行き違うときでも上向きにする。

問51 □□ 標示とは、ペイントや道路びょうなどによって路面に示された線、記号や文字のことをいい、規制標示と警戒標示の2種類がある。

問52 □□ 普通自動車で車両総重量750キログラム以下の車をけん引するときは、普通自動車を運転できる免許があれば、けん引免許は必要ない。

問53 □□ 道路に平行して駐車している車と並んで、駐車してはならない。

問54 □□ 夜間、一般道路に駐停車するとき、車の後方に停止表示器材を置けば、非常点滅表示灯などをつけなくてもよい。

問44 ○ 騒音などで住民に迷惑をかけるような運転をしてはいけません。
ここで覚える

問45 ○ 万一、通過中に遮断機が下りてしまったら、車で遮断機を押して脱出する方法があります。
ここで覚える

踏切を通過するときの注意点

● エンスト防止のため、変速しないで、発進したときの低速ギアのまま一気に通過する。
● 落輪しないように、踏切のやや中央寄りを通行する。
● 踏切内で動きがとれなくならないように、踏切の先の状況を確認してから踏切に入る。

問46 × 赤色の点滅信号では、停止位置で一時停止し、安全を確かめてから進行しなければなりません。
P23 ポイント 034

問47 × 少なくとも2時間に1回は休息をとり、眠気を感じたら運転を中止しましょう。
P16 ポイント 002

問48 × 速度超過や過積載は、交通公害の原因になります。
ここで覚える

問49 ○ カーブでは、両ひざをタンクに密着させ（ニーグリップ）、車体と体を傾けて自然に曲がります。
P45 ポイント 131

問50 × 対向車の迷惑にならないように、二輪車でも対向車と行き違うときは、ライトを下向きに切り替えます。
P66 ポイント 207

ライトを下向きに切り替える場合

● 対向車と行き違うとき。
● ほかの車の直後を通行するとき。
● 交通量の多い市街地を通行するとき。

問51 × 標示は2種類ですが、警戒標示はなく、規制標示と指示標示です。
P27 ポイント 058

問52 ○ 750キログラム以下の車をけん引するときは、けん引免許は必要ありません。
P29 ポイント 071

問53 ○ 道路に平行して駐車している車と並んで駐車すると「二重駐車」となり、禁止されています。
P59 ポイント 188

問54 ○ 停止表示器材を置けば、非常点滅表示灯、駐車灯または尾灯をつけずに駐停車できます。
P66 ポイント 208

問55 □□ 停留所で止まっていた路線バスが方向指示器などで発進の合図をしたので、後方で一時停止してそのバスを先に発進させた。

問56 □□ 自動車が右左折するときの内輪差（ないりんさ）は、車体が大きくなればなるほど大きくなる。

問57 □□ 普通二輪免許を受けて1年を経過した者は、高速道路で二人乗りをすることができる。

問58 □□ 普通自動車の所有者は、住所など自動車の本拠の位置から5キロメートル以内の道路以外の場所に、保管場所を確保しなければならない。

問59 □□ 二輪車でブレーキをかけるときは、前輪・後輪ブレーキを別々にかけるよりは、同時にかけるのがよい。

問60 □□ 制動距離は、速度が2倍になれば2倍になる。

問61 □□ 道路工事のため、左側部分だけでは通行するのに十分ではなかったので、中央から右側部分に必要最小限はみ出して通行した。

問62 □□ 図7は、矢印の方向だけにしか進めないことを表す「一方通行」の標識である。

図7

問63 □□ 交通量が多いところで乗り降りするときは、特に前方の安全を確認してすばやくドアを開け、乗り降りしなければならない。

問64 □□ 歩道や路側帯（ろそくたい）がない道路を通行する普通自動車は、路端（ろたん）から0.5メートルの部分にはみ出してはならない。

問65 □□ 高速道路を走行中は、左側の白線を目安にして車両通行帯のやや左寄りを通行すると、後方の車が追い越す場合に十分な間隔（かんかく）がとれ、接触（せっしょく）事故の防止に役立つ。

182

問55 ⭕ 路線バスが方向指示器などで発進の合図をしたときは、原則として<u>バスの発進</u>を妨げてはいけません。 P38 ポイント **101**

問56 ⭕ 車体が大きくなると、それに応じて内輪差も<u>大きく</u>なります。 P51 ポイント **156**

問57 ❌ 高速道路での二人乗りは、<u>20</u>歳以上で、二輪免許を受けて<u>3</u>年以上の運転経験が必要です。 P61 ポイント **195**

問58 ❌ 自動車の保管場所は、自宅などから<u>2</u>キロメートル以内の道路以外の場所に確保します。 ここで覚える

問59 ⭕ 二輪車のブレーキは、前後輪を<u>同時</u>にかけるのが基本です。 P45 ポイント **132**

問60 ❌ 制動距離は速度の<u>二乗</u>に比例するので、速度が<u>2</u>倍になると制動距離は<u>4</u>倍になります。 P21 ポイント **027**

問61 ⭕ 設問のような場合は、やむを得ないので、道路の<u>右側部分</u>にはみ出して通行することができます。 P31 ポイント **076**

問62 ❌ 図7は、前方の信号が赤や黄でもまわりの交通に注意して左折できる「<u>左折可</u>」の標示板です。 P23 ポイント **036**

問63 ❌ 設問の状況では、後続車など特に<u>後方の安全</u>を確かめなければなりません。 ここで覚える

問64 ⭕ 普通自動車は、路端から<u>0.5</u>メートルの部分（<u>路肩</u>）にはみ出して通行してはいけません。 ここで覚える

問65 ⭕ 高速道路では、<u>左側の白線</u>を目安にして、<u>左側</u>に寄って通行します。 ここで覚える

ココもチェック

🖊 意味を確認！

「内輪差」の意味

車が右や左に曲がるときは、後輪が前輪より内側を通る。この前輪と後輪の通行軌跡の差を内輪差という。

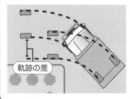

軌跡の差

📐 違いをチェック！

左側通行の原則と例外

【原則】 道路の中央から<u>左</u>の部分を通行する。

【例外】 次の場合は、<u>右側</u>部分はみ出して通行できる

● 道路が<u>一方通行</u>になっているとき。
● 工事などで通行するのに十分な道幅がないとき。
● 左側部分の幅が<u>6</u>メートル未満の見通しのよい道路で追い越しをするとき。
● 「<u>右側通行</u>」の標示があるとき。

本免模擬テスト 第5回

183

問66
☐ ☐
タクシーは、3か月ごとに定期点検をしなければならない。

問67
☐ ☐
ブレーキペダルを数回に分けて踏むと、ブレーキ灯が点滅し、後続車の迷惑になるので、避けるべきである。

問68
☐ ☐
図8のある通行帯は、7時から9時まで、指定車以外（小型特殊自動車、一般原動機付自転車、軽車両を除く）は、原則として通行できない。

図8

バス専用
7-9

問69
☐ ☐
真夏の夕方に、涼しくするため、家の前の道路に水をまいた。

問70
☐ ☐
交差点とその手前から30メートル以内では、優先道路を通行している場合を除き、自動車や一般原動機付自転車を追い越すため、進路を変えたり、その横を通り過ぎたりしてはならない。

問71
☐ ☐
深い水たまりを通ると、ブレーキが効かなくなることがあるが、エンジンの熱で乾くので、水たまりを避けて通る必要はない。

問72
☐ ☐
左側部分の幅が6メートル未満の見通しがよい道路では、標識などで追い越しが禁止されている場合や対向車がある場合を除き、道路の右側部分にはみ出して追い越しをすることができる。

問73
☐ ☐
ファンベルトの点検は、ベルトの張り具合は適当か、ベルトに損傷はないかについて確認する。

問74
☐ ☐
図9の標識があるところでは、他の車の右側に対して、平行に駐車しなければならない。

図9

平行駐車

問75
☐ ☐
故障車をロープでけん引するときは、その間を5メートル以内にし、ロープの中央に0.3メートル平方以上の赤い布を付けなければならない。

問76
☐ ☐
乗車定員11人のマイクロバスは、普通免許で運転することができる。

問66 ⭕ タクシーなど事業用自動車の定期点検の時期は、3か月ごとです。

P19
ポイント 021

問67 ❌ ブレーキ灯が点滅すると、後続車へのよい合図となります。また、道路が滑りやすい状態のときも効果的です。

ここで覚える

問68 ⭕ 「路線バス等の専用通行帯」は、指定車、小型特殊以外の自動車は、原則として通行できません。

P38
ポイント 102

問69 ⭕ 冬季に凍結のおそれがある道路に水をまいてはいけませんが、真夏の場合は特に禁止されていません。

ここで覚える

問70 ⭕ 設問の場所では、追い越しのため、進路を変えたり、横を通り過ぎたりしてはいけません。

P49
ポイント 147

問71 ❌ ブレーキ装置はエンジンの熱では乾きません。深い水たまりは避けて走行するようにしましょう。

P67
ポイント 213

問72 ⭕ 片側6メートル未満の道路では、右側部分にはみ出して追い越すことができます。

P31
ポイント 076

問73 ⭕ ファンベルトは、ベルトの張り具合や損傷の有無について点検します。

ここで覚える

問74 ❌ 図9は「平行駐車」の標識で、路端に対して平行に駐車しなければならないことを表します。

ここで覚える

問75 ❌ 故障車をロープでけん引するときは、赤い布ではなく、0.3メートル平方以上の白い布を付けます。

P29
ポイント 072

問76 ❌ 普通免許で運転できる乗車定員は10人までです。乗車定員11人のマイクロバスは、中型または大型免許が必要です。

P18
ポイント 010

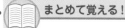

ココもチェック

📖 まとめて覚える！

ブレーキをかけるときに注意すること

● ブレーキペダルは、最初はできるだけ軽く踏み、必要な強さまで踏み込んでいく。
● ブレーキは数回に分けてかける。
● 危険を避けるためやむを得ない場合を除き、急ブレーキをかけてはいけない（アンチロックブレーキシステムを備えた自動車を除く）。

📏 違いをチェック！

中央線の色と意味

● 白の実線…片側6メートル以上の道路なので、はみ出しての追い越しは禁止。
● 白の破線…片側6メートル未満の道路なので、はみ出しての追い越しはOK。
● 黄色の実線…はみ出しての追い越しは禁止。
● 白と黄色の組み合わせ…AからBへは禁止、BからAへはOK。

本免模擬テスト

第5回

問77 標識により追い越しが禁止されているところでは、自動車が自転車を追い越すことも禁止されている。

問78 疲労の影響は目に強く現れ、疲労の度合いが高まるにつれて、見落としや見間違いが多くなる。

問79 進路変更、転回、後退などをしようとするときは、あらかじめバックミラーなどで安全を確かめてから合図をしなければならない。

問80 時間制限駐車区間では、パーキング・メーターが車を感知したとき、またはパーキング・チケットの発給を受けたときから、標識に表示されている時間を超えて駐車してはならない。

問81 道路の曲がり角付近でも、見通しのよいところでは徐行しなくてもよい。

問82 中央線は、必ずしも道路の中央に引かれているとは限らない。

問83 付近に幼稚園や学校、遊園地があるところや、「通学路」の標識があるところでは、子どもの飛び出しに特に注意して走行することが大切である。

問84 同一方向に車線を変えないまま、続いて左方の道に入るときの合図の時期は、その行為をする約3秒前である。

問85 図10の標識があるところでは、人の乗り降りのための停車はできるが、人待ちのための駐車をすることはできない。

図10

問86 普通自動車を運転して疲れたときは、窓を開け、ひじを窓枠に載せて運転するのも疲労軽減のためによい方法である。

問87 自動車検査証に記載されている自動車の乗車定員には、運転者は含まれない。

問 77 ✕ 追い越し禁止場所でも、自転車は追い越すことができます。
ここで覚える

問 78 ◯ 疲労の影響は目に最も強く現れるので、適度な休息をとって運転することが大切です。
P20 ポイント 024

問 79 ◯ あらかじめバックミラーなどで前方や後方の安全を確かめてから合図をします。
P53 ポイント 161

問 80 ◯ 時間制限駐車区間では、指定された時間を超えて駐車してはいけません。
ここで覚える

問 81 ✕ 見通しがよい悪いにかかわらず、道路の曲がり角付近では徐行しなければなりません。
P40 ポイント 114

問 82 ◯ 時間によって中央線が変わる道路もあり、必ずしも中央線＝道路の中央とは限りません。
ここで覚える

問 83 ◯ 設問の場所では、子どもの急な飛び出しを予測して、注意して走行します。
ここで覚える

問 84 ✕ 設問の場合は左折になるので、左折しようとする 30 メートル手前の地点で合図をししなければなりません。
P41 ポイント 117

問 85 ✕ 「駐停車禁止」の標識がある場所では、人の乗り降りのための停車もしてはいけません。
P56 ポイント 172

問 86 ✕ ひじを窓枠に載せて運転すると、正しい運転操作に支障をきたすおそれがあります。
P25 ポイント 043

問 87 ✕ 運転者は、自動車検査証に記載されている乗車定員に含まれています。
ここで覚える

まとめて覚える！

視覚の特性

● 一点だけを注視せず、絶えず周囲の交通の状況に目を配る。
● 視力は、高速になるほど低下し、特に近くのものが見えにくくなる。
● 疲労の影響は、目に最も強く現れる。
● 明るさが急に変わると、視力は一時、急激に低下する。

違いをチェック！

図柄が似ている標識

● 学校、幼稚園、保育所などあり（警戒標識）
➡ この先に学校、幼稚園、保育所などがあることを表す。

黄

● 横断歩道（指示標識）
➡ 横断歩道であることを表す

問88 □ □ 二輪車は小回りがきくので、渋滞しているときは車の間をぬって走行するなど、機動性を生かして走行するとよい。

問89 □ □ 前車が右折のため右側に進路を変えようとしているときは、前車を追い越してはならない。

問90 □ □ 方向指示器によって自動車を発進させるときの合図は、進路変更のときと同じ要領で行う。

問91 (1) (2) (3) □ □ □ (1) (2) (3) □ □ □

時速40キロメートルで進行しています。前方の車庫から車が出て止まったときは、どのようなことに注意して運転しますか?

(1) 車庫の車が急に左折を始めると自分の車は左側端に避けなければならず、電柱に衝突するおそれもあるので、減速して注意して進行する。

. . . .

(2) 車庫の車は、自分の車を止まって待っていると思われるので、待たせないように、やや加速して進行する。

. . . .

(3) 車庫の車がこれ以上前に出ると、自分の車は進行することができなくなるので、警音器を鳴らして、自分の車が先に行くことを知らせる。

問92 (1) (2) (3) □ □ □ (1) (2) (3) □ □ □

時速50キロメートルで進行しています。どのようなことに注意して運転しますか?

(1) カーブの先が見えないので、よく見えるように道路の中央線に寄って進行する。

. . . .

(2) 二輪車は集団で走行していて、3台目の二輪車がすぐに続いてくるかもしれないので、注意して進行する。

. . . .

(3) 対向の二輪車は、中央線をはみ出してくるかもしれないので、加速してその前に行き違う。

問88 ✕ 二輪車でも、車の間をぬって走ってはいけません。

P31
ポイント
077

問89 ⭕ 前車が右に進路を変えようとしているときは、追い越しをしてはいけません。

P47
ポイント
139

問90 ⭕ 発進は、進路変更と同じように右に合図を出します。

ここで覚える

問91

(1) ⭕ 減速して、前方の車の動きに注意します。

(2) ✕ 前方の車は、自車の進行を待ってくれるとは限りません。

(3) ✕ 警音器は鳴らさず、速度を落として進行します。

車庫から出てくる車の動向に注意！
(2) に対応

問92

(1) ✕ 対向車が中央線をはみ出してくるおそれがあります。

(2) ⭕ 3台目の二輪車がいて、中央線をはみ出してくることを予測します。

(3) ✕ 速度を落とし、左側に寄って行き違います。

カーブの先の二輪車に注意！
(2) に対応

本免模擬テスト

第5回

問93 (1) (2) (3)　(1) (2) (3)
□ □ □　□ □ □

時速20キロメートルで進行しています。歩行者用信号が青の点滅をしている交差点を左折するときは、どのようなことに注意して運転しますか？

(1)後続の車も左折であり、信号が変わる前に左折するため、自分の車との車間距離をつめてくるかもしれないので、すばやく左折する。

(2)歩行者や自転車が無理に横断するかもしれないので、その前に左折する。

(3)横断歩道の手前で急に止まると、後続の車に追突（ついとつ）されるおそれがあるので、ブレーキを数回に分けて踏みながら減速する。

問94 (1) (2) (3)　(1) (2) (3)
□ □ □　□ □ □

夜間、時速30キロメートルで進行しています。どのようなことに注意して運転しますか？

(1)歩行者が横断して、トラックの側方に対向車が見えなければ安全なので、一気に加速して通過する。

(2)夜間は視界が悪く、歩行者が見えにくくなるので、トラックの後ろで停止して、歩行者が横断し終わるのを確認してから進行する。

(3)歩行者はこちらを見ており、自分の車が通過するのを待ってくれるので、このままの速度で進行する。

問95 (1) (2) (3)　(1) (2) (3)
□ □ □　□ □ □

高速道路を時速80キロメートルで進行しています。加速車線の車が自車と同じぐらいの速度で走行しているときは、どのようなことに注意して運転しますか？

(1)加速車線の車が本線車道に入りやすいように、このままの速度で進行する。

(2)本線車道にいる自分の車は、加速車線の車より優先するので、加速して進行する。

(3)加速車線の車がいきなり本線車道に入ってくるかもしれないので、右後方の安全を確認したあと、右側へ進路を変更する。

190

M02

(1) ✕ 歩行者や自転車が<u>無理に横断してくる</u>おそれがあります。

(2) ✕ 歩行者や自転車の<u>進行を妨げて</u>はいけません。

(3) ○ 後続車に注意しながら<u>減速</u>します。

横断してくる<u>歩行者と自転車に注意</u>！
(2) に対応

(1) ✕ トラックのかげから<u>対向車が接近してくる</u>おそれがあります。

(2) ○ 歩行者の横断に備え、<u>一時停止</u>して安全を確かめます。

(3) ✕ 歩行者は、<u>自車の通過を待ってくれる</u>とは限りません。

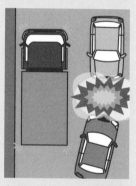

<u>トラックのかげの対向車</u>に注意！
(1) に対応

(1) ✕ このまま同じぐらいの速度で進行すると、<u>かえって危険</u>です。

(2) ✕ 加速車線の車は、<u>急に本線車道に入ってくる</u>おそれがあります。

(3) ○ 危険を予測して進路を変えるのは、<u>正しい運転行動</u>です。

速度と加速車線の車の<u>合流に注意</u>！
(2) に対応

●著者

長 信一 （ちょう しんいち）

1962年、東京都生まれ。1983年、都内の自動車教習所に入所。
1986年、運転免許証の全種類を完全取得。指導員として多数の
合格者を送り出すかたわら、所長代理を歴任。現在、「自動車運転
免許研究所」の所長として、書籍や雑誌の執筆を中心に活躍中。
『最短合格! 普通免許テキスト&問題集』『1回で合格! 第二種免
許完全攻略問題集』『フリガナつき! 原付免許ラクラク合格問題
集』（いずれも弊社刊）など、著書は200冊を超える。

●本文イラスト　風間 康志
　　　　　　　　HOPBOX
●編集協力　　　knowm（間瀬 直道）
●DTP　　　　　HOPBOX
●企画・編集　　成美堂出版編集部（原田 洋介・芳賀 篤史）

本書に関する正誤等の最新情報は、下記のアドレスで確認することができます。
https://www.seibidoshuppan.co.jp/info/menkyo-1gf2402

上記URLに記載されていない箇所で正誤についてお気づきの場合は、書名・
発行日・質問事項・ページ数・氏名・郵便番号・住所・FAX番号を明記の上、
郵送またはFAXで成美堂出版までお問い合わせください。
※電話でのお問い合わせはお受けできません。
※本書の正誤に関するご質問以外にはお答えできません。また受験指導など
は行っておりません。
※ご質問の到着確認後、10日前後で回答を普通郵便またはFAXで発送いた
します。

赤シート対応 1回で合格! 普通免許完全攻略問題集

2024年3月20日発行

著 者　長 信一
　　　　ちょう　しんいち

発行者　深見公子

発行所　成美堂出版
　　　　〒162-8445　東京都新宿区新小川町1-7
　　　　電話(03)5206-8151　FAX(03)5206-8159

印 刷　広研印刷株式会社

©Cho Shinichi 2022　PRINTED IN JAPAN
ISBN978-4-415-33121-8
落丁・乱丁などの不良本はお取り替えします
定価はカバーに表示してあります

道路標識・標示 一覧表

通行止め	車両通行止め	車両進入禁止	二輪の自動車以外の自動車通行止め	大型貨物自動車等通行止め
車、路面電車、歩行者のすべてが通行できない	車（自動車、原動機付自転車、軽車両）は通行できない	車はこの標識がある方向から進入できない	二輪を除く自動車は通行できない	大型貨物、特定中型貨物、大型特殊自動車は通行できない

大型乗用自動車等通行止め	二輪の自動車・原動機付自転車通行止め	大型自動二輪車及び普通自動二輪車二人乗り通行禁止	自転車通行止め	車両（組合せ）通行止め

大型乗用、特定中型乗用自動車は通行できない	大型・普通自動二輪車、原動機付自転車は通行できない	大型・普通自動二輪車は二人乗りで通行できない	自転車は通行できない	標示板に示された車（自動車、原動機付自転車）は通行できない

タイヤチェーンを取り付けていない車両通行止め	指定方向外進行禁止			

タイヤチェーンをつけていない車は通行できない	車は矢印の方向以外には進めない	右折禁止	直進・右折禁止	左折・右折禁止

車両横断禁止	転回禁止	追越しのための右側部分はみ出し通行禁止	追越し禁止	駐停車禁止
車は右折を伴う右側への横断をしてはいけない	車は転回してはいけない	車は道路の右側部分にはみ出して追い越しをしてはいけない	車は追い越しをしてはいけない	車は駐車や停車をしてはいけない（8時〜20時）

規制標識

規制標識

駐車禁止	駐車余地	時間制限駐車区間	危険物積載車両通行止め	重量制限
車は**駐車をしてはいけない**（8時〜20時）	車の右側の道路上に**指定の余地（6 m）が**とれないときは駐車できない	標示板に示された時間（8時〜20時の60分）は**駐車できる**	爆発物などの**危険物**を積載した車は通行できない	標示板に示された**総重量（5.5 t）を超える車は通行できない**

高さ制限	最大幅	最高速度	最低速度	自動車専用
地上から標示板に示された**高さ（3.3m）**を超える車は通行できない	標示板に示された**横幅（2.2m）を超える**車は通行できない	標示板に示された**速度（時速50km）を超えてはいけない**	自動車は標示板に示された**速度（時速30km）に達しない**速度で運転してはいけない	高速道路（高速自動車国道または自動車専用道路）であることを表す

自転車専用	自転車及び歩行者専用	歩行者専用	一方通行	自転車一方通行
自転車専用道路を示し、普通自転車以外の車と歩行者は通行できない	自転車および歩行者専用道路を示し、普通自転車以外の車は通行できない	歩行者専用道路を示し、車は通行できない	車は矢印の示す方向と反対方向には進めない	自転車は矢印の示す方向と反対方向には進めない

車両通行区分	特定の種類の車両の通行区分	牽引自動車の高速自動車国道通行区分	専用通行帯	普通自転車専用通行帯
標示板に示された車（二輪・軽車両）が通行しなければならない区分を表す	標示板に示された車（大貨等）が通行しなければならない区分を表す	高速自動車国道の本線車道でけん引自動車が通行しなければならない区分を表す	標示板に示された車（路線バス等）の専用通行帯であることを表す	普通自転車の**専用通行帯**であることを表す

	路線バス等 優先通行帯	牽引自動車の自動車 専用道路第一通行帯 通行指定区間	進行方向別 通行区分	環状の交差点に おける右回り通行	原動機付自転車の 右折方法(二段階)
規制標識	 路線バス等の**優先通行帯**であることを表す	 自動車専用道路でけん引自動車が**最も左側の通行帯**を通行しなければならない指定区間を表す	 交差点で車が進行する**方向別の区分**を表す	 **環状交差点**であり、車は**右回り**に通行しなければならない	 交差点を右折する原動機付自転車は**二段階右折**しなければならない
	原動機付自転車の 右折方法(小回り)	平行駐車	直角駐車	斜め駐車	警笛鳴らせ
	 交差点を右折する原動機付自転車は**小回り右折**しなければならない	 車は道路の側端に対して、**平行に駐車**しなければならない	 車は道路の側端に対して、**直角に駐車**しなければならない	 車は道路の側端に対して、**斜めに駐車**しなければならない	 車と路面電車は警音器を鳴らさなければならない
	警笛区間	徐行	一時停止	歩行者通行止め	歩行者横断禁止
	 車と路面電車は**区間内の指定場所**で警音器を鳴らさなければならない	 車と路面電車はすぐ**止まれる速度**で進まなければならない	 車と路面電車は停止位置で**一時停止**しなければならない	 歩行者は**通行**してはいけない	 歩行者は道路を**横断**してはいけない

	並進可	軌道敷内通行可	高齢運転者等標 章自動車駐車可	駐車可	高齢運転者等標 章自動車停車可
指示標識	 普通自転車は**2台並んで**進める	 自動車は**軌道敷内**を通行できる	 標章車に限り**駐車**が認められた場所(高齢運転者等専用場所)であることを表す	 車は駐車できる	標章車に限り**停車**が認められた場所(高齢運転者等専用場所)であることを表す

指示標識

停車可	優先道路	中央線	停止線	自転車横断帯
車は停車できる	優先道路であることを表す	道路の中央、または中央線を表す	車が停止するときの位置を表す	自転車が横断する自転車横断帯を表す

横断歩道		横断歩道・自転車横断帯	安全地帯	規制予告
横断歩道を表す。右側は児童などの横断が多い横断歩道であることを意味する		横断歩道と自転車横断帯が併設された場所であることを表す	安全地帯であることを表し、車は通行できない	標示板に示されている交通規制が前方で行われていることを表す

補助標識

距離・区域	日・時間
	日曜・休日を除く / 8 - 20
本標識の交通規制の対象となる距離や区域を表す	本標識の交通規制の対象となる日や時間を表す

車両の種類	始まり
大 貨 / 原付を除く /	→ / ここから
本標識の交通規制の対象となる車を表す	本標識の交通規制の区間の始まりを表す

区間内・区域内	終わり
← → / 区域内	
本標識の交通規制の区間内、または区域内を表す	本標識の交通規制の区間の終わりを表す

マーク・標示板

初心運転者標識	高齢運転者標識
免許を受けて1年未満の人が自動車を運転するときに付けるマーク	70歳以上の人が自動車を運転するときに付けるマーク

身体障害者標識	聴覚障害者標識
身体に障害がある人が自動車を運転するときに付けるマーク	聴覚に障害がある人が自動車を運転するときに付けるマーク

仮免許練習標識	左折可(標示板)
仮免許 練習中	
運転の練習をする人が自動車を運転するときに付けるマーク	前方の信号にかかわらず、車はまわりの交通に注意して左折できる

入口の方向	**入口の予告**	**方面及び距離**	**方面及び車線**	**方面及び方向の予告**

高速道路の入口の方向を表す	高速道路の入口の予告を表す	方面と距離を表す	方面と車線を表す	方面と方向の予告を表す
方面、方向及び道路の通称名	**方面、車線及び出口の予告**	**方面及び出口**	**出口**	**高速道路番号**
				E1 E56 C4
方面と方向、道路の通称名を表す	方面と車線、出口の予告を表す	高速道路の方面と出口を表す	高速道路の出口を表す	高速道路番号を表す
サービス・エリア又は駐車場から本線への入口	**待避所**	**非常駐車帯**	**駐車場**	**登坂車線**

サービス・エリアや駐車場から本線への入口を表す	待避所であることを表す	非常駐車帯であることを表す	駐車場であることを表す	登坂車線であることを表す

案内標識

十形道路交差点あり	**T形道路交差点あり**	**Y形道路交差点あり**	**ロータリーあり**	**右(左)方屈曲あり**
この先に十形道路の交差点があることを表す	この先にT形道路の交差点があることを表す	この先にY形道路の交差点があることを表す	この先にロータリーがあることを表す	この先の道路が右(左)方に屈曲していることを表す
右(左)方屈折あり	**右(左)背向屈曲あり**	**右(左)背向屈折あり**	**右(左)つづら折りあり**	**踏切あり**
この先の道路が右(左)方に屈折していることを表す	この先の道路が右(左)背向屈曲していることを表す	この先の道路が右(左)背向屈折していることを表す	この先の道路が右(左)つづら折りしていることを表す	この先に踏切があることを表す

警戒標識

警戒標識

学校、幼稚園、保育所等あり	信号機あり	すべりやすい	落石のおそれあり	路面凹凸あり
この先に学校、幼稚園、保育所などがあることを表す	この先に信号機があることを表す	この先の道路が**すべりやすい**ことを表す	この先が**落石**のおそれがあることを表す	この先の路面に凹凸があることを表す

合流交通あり	車線数減少	幅員減少	二方向交通	上り急勾配あり
				10%
この先で合流する交通があることを表す	この先で**車線が減少**することを表す	この先の**道幅がせま**くなることを表す	この先が**二方向交通**の道路であることを表す	この先がこう配の急な上り坂であることを表す

下り急勾配あり	道路工事中	横風注意	動物が飛び出すおそれあり	その他の危険
10%				
この先がこう配の急な下り坂であることを表す	この先の道路が**工事中**であることを表す	この先は**横風が強い**ことを表す	この先は動物が飛び出してくるおそれがあることを表す	前方に何か危険があることを表す

規制標示

転回禁止	追越しのための右側部分はみ出し通行禁止		進路変更禁止	
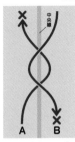				
車は**転回**してはいけない（8時〜20時）	A・Bどちらの車も黄色の線を越えて**追い越し**をしてはいけない	Aを通行する車はBにはみ出して追い越しをしてはいけない（BからAへは禁止されていない）	A・Bどちらの車も黄色の線を越えて**進路変更**してはいけない	Bを通行する車はAに進路変更してはいけない（AからBへは禁止されていない）

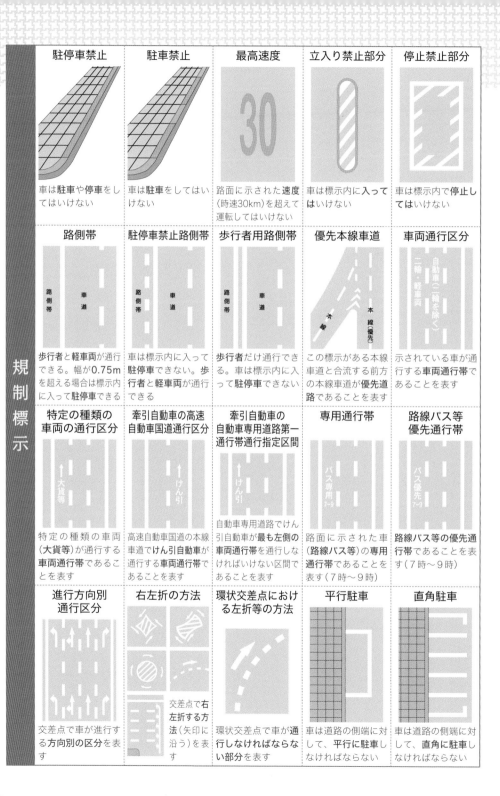

	駐停車禁止	駐車禁止	最高速度	立入り禁止部分	停止禁止部分
規制標示	車は**駐車**や**停車**をしてはいけない	車は**駐車**をしてはいけない	路面に示された**速度**（時速30km）を超えて運転してはいけない	車は標示内に**入って**はいけない	車は標示内で**停止**してはいけない
	路側帯	駐停車禁止路側帯	歩行者用路側帯	優先本線車道	車両通行区分
	歩行者と軽車両が通行できる。幅が**0.75m**を超える場合は標示内に入って**駐停車できる**	車は標示内に入って**駐停車できない**。**歩行者と軽車両が通行できる**	**歩行者**だけ通行できる。車は標示内に入って**駐停車できない**	この標示がある本線車道と合流する前方の本線車道が**優先道路**であることを表す	示されている車が通行する**車両通行帯**であることを表す
	特定の種類の車両の通行区分	牽引自動車の高速自動車国道通行区分	牽引自動車の自動車専用道路第一通行帯通行指定区間	専用通行帯	路線バス等優先通行帯
	特定の種類の車両（**大貨等**）が通行する**車両通行帯**であることを表す	高速自動車国道の本線車道でけん引自動車が通行する車両通行帯であることを表す	自動車専用道路でけん引自動車が**最も左側**の車両通行帯を通行しなければいけない区間であることを表す	路面に示された車（**路線バス等**）の専用通行帯であることを表す（7時〜9時）	路線バス等の優先通行帯であることを表す（7時〜9時）
	進行方向別通行区分	右左折の方法	環状交差点における左折等の方法	平行駐車	直角駐車
	交差点で車が進行する方向別の区分を表す	交差点で**右左折する方法**（矢印に沿う）を表す	環状交差点で車が**通行しなければならない**部分を表す	車は道路の側端に対して、**平行に駐車**しなければならない	車は道路の側端に対して、**直角に駐車**しなければならない

規制標示

斜め駐車	普通自転車歩道通行可	普通自転車の歩道通行部分	普通自転車の交差点進入禁止	終わり

車は道路の側端に対して、**斜めに駐車**しなければならない	普通自転車は**歩道**を通行できる	普通自転車が歩道を通行する場合の通行すべき**場所**を表す	普通自転車は**黄色の線を越えて交差点に進入してはいけない**	規制標示が示す（転回禁止）区間の**終わり**を表す

指示標示

横断歩道	斜め横断可	自転車横断帯	右側通行	停止線

歩行者が道路を**横断**するための場所であることを表す	歩行者が交差点を**斜めに横断**できることを表す	**自転車**が道路を**横断**するための場所であることを表す	車は道路の右側部分に**はみ出して通行**できることを表す	車が停止するときの位置を表す

二段停止線	進行方向	中央線	車線境界線	安全地帯

二輪車と四輪車が停止するときの位置を表す	車が進行する**方向**を表す	**中央線**であることを表す	**車線の境界**であることを表す	**安全地帯**であることを表し、車は通行できない

安全地帯又は路上障害物に接近	導流帯	路面電車停留場	横断歩道又は自転車横断帯あり	前方優先道路
	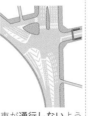		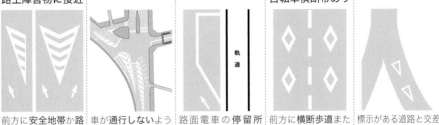	
前方に**安全地帯か路上障害物**があり、避ける方向を表す	車が**通行しない**ようにしている道路の部分を表す	路面電車の**停留所（場）**であることを表す	前方に**横断歩道**または**自転車横断帯**があることを表す	標示がある道路と交差する前方の道路が**優先道路**であることを表す

※道路標識・標示は道路交通法等の改正により、変更されることがありますので予めご了承ください。